AF457253

HISTOIRE DES PLANTES

MONOGRAPHIE

DES

NYCTAGINACÉES

ET DES

PHYTOLACCACÉES

PARIS. — IMPRIMERIE DE E. MARTINET, RUE MIGNON, 2.

HISTOIRE DES PLANTES

MONOGRAPHIE

DES

NYCTAGINACÉES

ET DES

PHYTOLACCACÉES

PAR

H. BAILLON

PROFESSEUR D'HISTOIRE NATURELLE MÉDICALE A LA FACULTÉ DE MÉDECINE DE PARIS
DIRECTEUR DU JARDIN BOTANIQUE DE LA FACULTÉ, PRÉSIDENT DE LA SOCIÉTÉ LINNÉENNE DE PARIS

ILLUSTRÉE DE 77 FIGURES DANS LES TEXTES

DESSINS DE FAGUET

PARIS
LIBRAIRIE HACHETTE & Cie
BOULEVARD SAINT-GERMAIN, 79
LONDRES, 18, KING WILLIAM STREET, STRAND

1872

XXIV

NYCTAGINACÉES

Les Belles-de-nuit [1] (fig. 1-10) ont des fleurs régulières et hermaphrodites. Leur réceptacle convexe porte inférieurement une première

Mirabilis Jalapa.

Fig. 1. Rameau florifère ($\frac{2}{3}$).

enveloppe florale, verte, analogue à un calice, avec cinq divisions plus ou moins profondes, imbriquées en quinconce ou presque valvaires.

1. *Mirabilis* L., *Gen.*, n. 139. — GÆRTN., *Fruct.*, II, 207, t. 127. — LAMK, *Dict.*, IV, 481; Suppl., IV, 84; *Ill.*, t. 105. — ENDL., *Gen.*, n. 2003. — DUCHARTRE, in *Ann. sc. nat.*,

Plus intérieurement se trouve une seconde enveloppe, pétaloïde, colorée [1], à tube plus ou moins allongé, suivant les espèces, renflée à sa base en une sorte de sac, et dilatée dans sa portion supérieure en un limbe en entonnoir, dont les cinq divisions sont profondément indu-

Mirabilis Jalapa.

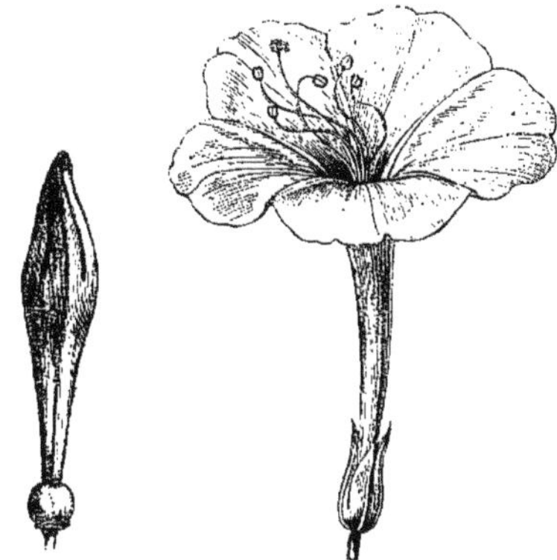

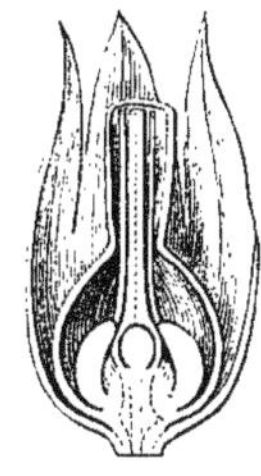

Fig. 2. Bouton. Fig. 3. Fleur. Fig. 4. Diagramme. Fig. 5. Base de la fleur, coupe longitudinale ($\frac{2}{1}$).

pliquées-tordues [2]. L'androcée est formé de cinq étamines, alternes avec les divisions de l'enveloppe intérieure. Elles sont ordinairement d'inégale longueur, et se composent chacune d'un filet, libre dans toute sa portion supérieure, surmonté d'une anthère biloculaire, introrse, à deux loges déhiscentes par des fentes longitudinales, presque marginales [3]. Inférieurement, les filets sont parfois collés contre le tube du périanthe, et, tout à fait à leur base, unis en un tube court et épais, charnu dans certaines espèces, plus ou moins urcéolé et glanduleux [4]. Cette portion de l'androcée entoure l'ovaire, libre,

sér. 3, IX, 263, t. 17-19. — CHOISY, in *DC. Prodr.*, XIII, sect. II, 427. — PAYER, *Organog.*, 297. — *Admirabilis* CLUS., *Hist.*, II, 87. — *Nyctage* V. ROY., *Lugd.*, 417. — *Jalapa* T., *Inst.*, 129, t. 50. — ADANS., *Fam. des pl.*, II, 265. — *Nyctago* J., *Gen.*, 90; in *Ann. Mus.*, II, 274 (incl. : *Acleisanthes* A. GRAY, *Quamoclidion* CHOIS.).

1. Blanche, rosée, violacée, pourprée, jaunâtre, ou tachetée de ces différentes couleurs.

2. Ses lobes proprement dits sont peu proéminents. Leur nervure médiane répond aux cinq côtes saillantes qui se voient tout le long du périanthe et qui se terminent par une petite pointe plus ou moins aiguë. C'est dans l'intervalle de ces sommets que le limbe se dilate en cinq lames pétaloïdes, lesquelles sont rédupliquées-tordues dans le bouton (souvent décrites à tort comme les lobes du calice), tandis que le corps même du pétale est valvaire.

3. Les grains de pollen sont gros, sphériques. Leur enveloppe extérieure est « ferme, ponctuée, avec beaucoup de pores » (H. MOHL, in *Ann. sc. nat.*, sér. 2, III, 313). « *Pollen granulosum luteum* » (CHOIS., *Prodr.*, 426).

4. Décrit souvent, pour cette raison, mais à tort, comme un disque, cet organe est tout à fait indépendant du disque hypogyne que représente dans plusieurs espèces un léger épaississement de la base même de l'ovaire.

supère, uniloculaire, épaissi à sa base en un disque hypogyne [1], surmonté d'un long style grêle dont le sommet capité porte un grand nombre de petites branches, simples ou rameuses [2], terminées chacune par une petite tête chargée de papilles stigmatiques. Vers la base de la loge ovarienne, tout en bas de sa paroi postérieure, se voit un placenta presque basilaire, qui supporte un seul ovule, presque dressé, anatrope, à micropyle tourné en bas et en avant [3]. Le fruit est un achaine [4], à péricarpe membraneux, surmonté d'un vestige du style, étroitement appliqué sur la graine qu'il renferme. Autour de lui persistent la base renflée de l'androcée et la portion dilatée du périanthe pétaloïde, qui devient sèche, dure, pentagonale (fig. 6, 7) et ne présente à son sommet tronqué qu'un étroit pertuis, au point où s'est, après la floraison, détachée en travers sa portion tubuleuse. Sous les téguments très-minces de la graine se trouve un embryon condupliqué, qui enveloppe de sa radicule courbe, à sommet inférieur, et de ses deux larges cotylédons foliacés, inégaux [5], condupliqués-incombants, un épais albumen farineux (fig. 7, 8, 10). Les Belles-de-nuit sont des herbes vivaces [6], de l'Amérique tropicale. Leur portion souterraine est tubéreuse, formée par la racine pivotante, qui prend quelquefois un développement considérable. Les tiges herbacées, di- ou trichotomes, à nœuds renflés, articulés, portent des feuilles opposées, simples, pétiolées, sans stipules. Les fleurs, axillaires ou terminales, sont disposées en cymes ou en glomérules [7]. On connaît une demi-

Mirabilis Jalapa.

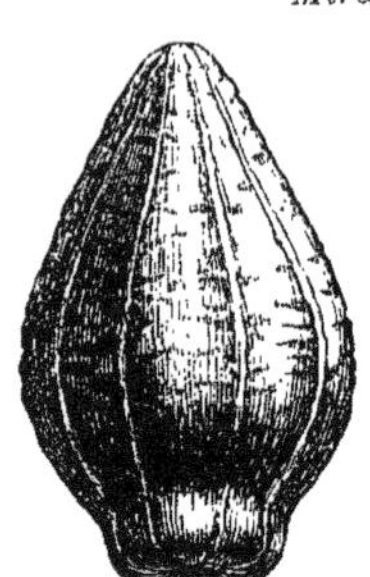

Fig. 6. Fruit induvié ($\frac{5}{1}$).

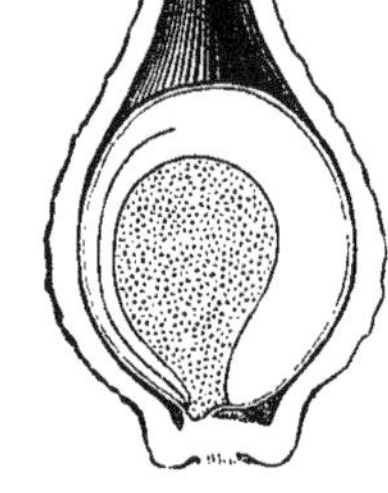

Fig. 7. Fruit induvié, coupe longitudinale (antéro-postérieure).

1. Souvent peu développé ; son existence est toutefois incontestable dans la Belle-de-nuit commune.

2. Dans le *M. Jalapa*, elles ne se ramifient ordinairement qu'en deux ou trois branches courtes.

3. Il a deux enveloppes, et sa base est très-épaisse ; elle forme souvent, au-dessous du micropyle, une saillie qui semble jouer le rôle d'un obturateur.

4. On pourrait presque l'appeler caryopse ; toutefois les membranes qui représentent, l'une le péricarpe, l'autre l'épisperme, sont séparables, quoique étroitement appliquées l'une contre l'autre.

5. L'extérieur est plus large que l'intérieur, et cette disproportion est très-accentuée dans certaines autres Nyctaginacées.

6. Chez nous, on les cultive comme plantes annuelles ; l'hiver détruisant leurs rameaux aériens. Mais on peut conserver leurs pivots charnus, à l'abri du froid, d'une année à l'autre.

7. Souvent unipares vers l'extrémité des inflorescences.

douzaine d'espèces [1] de *Mirabilis* proprement dits, dont quelques-unes sont fréquemment cultivées dans nos jardins.

L'enveloppe extérieure, verte et gamophylle, de notre Belle-de-nuit commune n'est pas un calice, mais bien un involucre; car dans le *M. triflora*, elle contient, au lieu d'une seule fleur, trois fleurs, dont une

Mirabilis Jalapa.

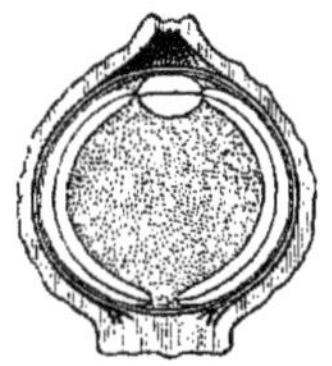

Fig. 8. Fruit induvié, coupe longitudinale (bilatérale).

Fig. 9. Fruit, sans l'induvie ($\frac{5}{1}$).

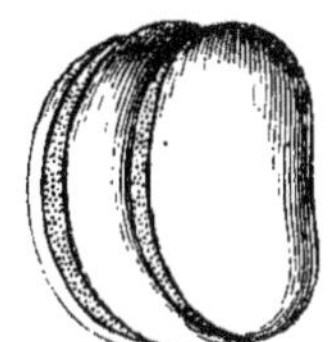

Fig. 10. Graine, les téguments enlevés.

terminale et deux latérales, plus jeunes. On a fait pour cette plante un genre, sous le nom de *Quamoclidion* [2]. Dans le *M. multiflora* [3], les fleurs sont plus nombreuses encore dans l'involucre; on en compte de quatre à six autour de la fleur terminale. Le nombre des bractées de l'involucre varie, dans les plantes précédentes, de quatre à sept ou huit. Dans quelques autres *Mirabilis*, distingués sous le nom générique d'*Acleisanthes* [4], il n'y a plus que deux ou, plus rarement, trois bractées sous la fleur articulée, et encore sont-elles très-petites, au lieu de protéger dans le jeune âge le bouton tout entier [5]. La taille variable de ces folioles ne nous permet pas cependant de distinguer les trois ou quatre *Acleisanthes* connus [6], autrement qu'à titre de section, dans le genre *Mirabilis*. Ainsi constitué [7], celui-ci renferme, par conséquent, pour nous une dizaine d'espèces.

Le *Nyctaginia capitata* [8] a les mêmes organes de végétation, les mêmes fleurs et les mêmes fruits que les *Mirabilis*; mais on en a fait

1. RHEED., *Hort. malab.*, X, t. 75 (*Andi-Malleri*). — RUMPH., *Herb. amboin.*, V, t. 89. — L., *Spec.*, 252. — MŒNCH, *Meth.*, 508 (*Jalapa*). — SM., *Exot. Bot.*, I, 43, t. 23. — H. B. K., *Nov. gen. et spec.*, II, 212. — BERTOL., *Hort. bonon.*, 15, t. 1. — TRAUTV., in *Bull. sc. Acad. Pétersb.*, VI, n. 14. — LEPELL., in *Ann. Mus.*, VIII, 481. — BLANCO, *Fl. de Filipp.*, 77. — C. GAY, *Fl. chil.*, V, 205. — DC., *Fl. fr.*, III, 425. — CURT., in *Bot. Mag.*, t. 371. — WALP., *Ann.*, V, 721.

2. CHOIS., *Prodr.*, 429, n. 2.

3. *Nyctaginia ? Torreyana* CHOIS., *Prodr.*, 430, n. 3. — *Oxybaphus multiflorus* TORR., in *Ann. Lyc. N.-York*, II, 237. — *Quamoclidion multiflorum* TORR., ex A. GRAY, *Brief Char. of some new gen. and spec. of Nyctag.*, 7, n. 2 (ex *Amer. Journ. sc.*, 1853, XV).

4. A. GRAY, *Brief Char....*, 2.

5. L'articulation de la fleur se trouve au-dessus d'elles.

6. A. GRAY, *loc. cit.*, 2, 3. — CHOIS., *Prodr.*, 429, n. 2 (*Nyctaginia*).

7.

MIRABILIS sect. 3. { 1. *Nyctago* (J.). 2. *Quamoclidion* (CHOIS.). 3. *Acleisanthes* (A. GRAY).

8. CHOIS., in *Mém. Soc. Gen.*, XII; *Prodr.*, 429, n. 3. — *Boerhaavia capitata* PAV., mss. (ex CHOIS.).

un genre particulier, parce que ses fleurs sont réunies en grand nombre en un faux-capitule terminal, dans un involucre formé de nombreuses bractées, et parce que ses étamines et son style capité sortent longuement du périanthe, au lieu d'y demeurer inclus. C'est une herbe du Mexique et du Texas.

L'*Okenia hypogæa* [1] est une herbe mexicaine, dont les rameaux glutineux sont couchés sur le sable et portent des fleurs terminales, solitaires, construites comme celles des *Mirabilis*. Seulement ces fleurs ont de douze à dix-huit étamines, un style à extrémité stigmatifère peltée; et leur fruit, entouré, comme celui des *Mirabilis*, d'une induvie de même nature, s'enfonce dans le sable pour mûrir, pendant que le pédoncule qui le supporte s'incline et s'allonge beaucoup. L'involucre qui entoure la portion renflée du périanthe est ici formé de trois folioles, plus développées que celles des *Acleisanthes*, plus petites que celles des vrais *Mirabilis*, imbriquées d'abord, puis caduques.

Dans le *Pentacrophys Wrightii* [2], plante herbacée du Texas, les fleurs, terminales ou oppositifoliées, sessiles, sont construites à peu près comme celles des genres précédents. Mais elles ont un involucre de trois bractées subulées, un androcée diandre; et la base de leur périanthe, qui persiste autour du fruit, prend la forme d'un cylindre tronqué, parcouru dans sa longueur par cinq côtes saillantes, épaisses, obtuses, terminées par un renflement glanduleux. Le sommet de l'induvie présente un petit pertuis qui conduit dans la cavité qu'occupe un petit fruit, construit, en somme, comme celui des *Mirabilis* [3].

Les *Selinocarpus* [4] ont les mêmes organes de végétation que toutes les plantes précédentes, des bractées et des fleurs comme celles des *Acleisanthes*. Mais leur androcée se compose de deux à cinq étamines; et les cinq côtes de leur induvie se dilatent autour du fruit en cinq ailes verticales, ou en un nombre moindre de ces expansions membraneuses qui font que le fruit rappelle par sa forme celui de certaines Ombellifères. C'est ce qu'indique le nom générique de ces plantes, qui, au nombre de deux, habitent le Nouveau-Mexique.

Les *Oxybaphus* [5] (fig. 11, 12) ne diffèrent non plus des Belles-de-

1. SCHIEDE, ex SCHLTL et CHAM., in *Linnæa*, V (1830), 92. — CHOIS., *Prodr.*, 449, n. 14.

2. A. GRAY, *Brief Char...*, 4.

3. Dans cette plante, comme dans la plupart de celles des genres voisins, il y a deux sortes de fleurs. Dans les unes, le périanthe prend son entier développement; dans les autres, son évolution s'arrête plus ou moins tôt, et cependant le gynécée est fécondé dans le bouton et devient un fruit fertile.

4. A. GRAY, *Brief Char...*, 4.

5. LHÉRIT., *Monogr. ined.* (ex VAHL, *Enum.*, II, 40). — J., in *Ann. Mus.*, II, 274. — POIR., *Dict.*, Suppl., IV, 255. — ENDL., *Gen.*, n. 2004. — DUCHTRE, in *Ann. sc. nat.*, sér. 3, IX, 282, t. 17. — PAYER, *Organog.*, 297, t. 62. —

nuit que par des détails de forme et par le nombre des étamines. Leur involucre, gamophylle et quinquéfide, est uniflore dans une moitié des espèces, et triflore dans l'autre moitié [1]. Leur périanthe a un tube court et se dilate rapidement en un limbe campanulé, régulier ou légèrement irrégulier, plissé, caduc. Leur androcée est formé de trois, plus rarement de quatre étamines [2], souvent toutes déjetées d'un côté de la fleur épanouie, ainsi que le style terminé par une tête stigmatifère (fig. 11). L'involucre persiste et devient souvent membraneux et veiné autour du fruit (fig. 12), qui est analogue à celui des *Mirabilis*. Ce genre est formé d'une quinzaine d'espèces [3], la plupart américaines; l'une d'elles cependant habite les régions montueuses de l'Inde orientale. Ce sont des herbes, dont les organes de végétation sont analogues à ceux des *Mirabilis*, et dont les petites fleurs sont réunies en cymes unipares.

Oxybaphus roseus.

Fig. 11. Inflorescence.

Oxybaphus viscosus.

Fig. 12. Inflorescence.

On trouve dans l'Amérique occidentale, depuis le Mexique jusqu'au Chili, une plante analogue aux *Oxybaphus* pour le port, et qu'on nomme *Allionia incarnata* [4]. Ses fleurs sont, au nombre de trois, placées dans un involucre formé de trois bractées auxquelles elles sont superposées. Elles sont tétramères et généralement tétrandres. La portion inférieure de leur périanthe, qui persiste autour du fruit, présente deux côtes latérales, qui se développent en ailes dures, déchiquetées, et se recourbent en dehors de façon à se rejoindre presque. Elles limitent ainsi une sorte de loge, extérieure à celle de l'induvie, et dans laquelle

SCHNIZL., *Iconogr.*, 104. — CHOIS., *Prodr.*, 430. — *Calyxhymenia* ORTEG., *Dec.*, V, t. 1, 8, 11. — TURP., in *Dict. sc. nat.*, Atl., IV, t. 22. — *Calymenia* NUTT., *Gen.*, I, 25. — *Wittmannia* TURR., in *Cav. Ic.*, 3. — *Palavia* CAV. — *Bruguiera* CAV. (ex CHOIS.).

1. Sect. *Allionopsis* CHOIS., *Prodr.*, 432).

2. D'après M. H. MOHL, le pollen est couvert de courtes épines dans l'*O. viscosus* LHÉR.; et celui de l'*O. nyctagineus* SWEET est semblable à celui des *Mirabilis*.

3. L., *Spec.*, 147 (*Allionia*). — PURSH, *Fl. Amer. bor.*, I, 97 (*Allionia*). — SWEET, *H. brit.*, 567. — R. et PAV., *Fl. per. et chil.*, I, 45, t. 75 (*Calyxhymenia*). — PERS., *Enchirid.*, I, 36 (*Calymenia*). — DESF., *Cat. Hort. par.*, ed. 3, 390. — EDGEW., in *Trans. Linn. Soc.*, XX, p. I, 87. — C. GAY, *Fl. chil.*, V, 205. — *Bot. Mag.*, t. 434. — WALP., *Ann.*, I, 560; V, 721.

4. L., *Gen.*, n. 117 (part.); *Spec.*, 147. — J., *Gen.*, 195; in *Ann. Mus.*, II, 274. —

proéminent deux séries verticales et parallèles de tubercules glanduleux, développées sur la surface extérieure de la paroi antérieure de l'induvie.

Les *Boerhaavia* [1] sont très-voisins des *Oxybaphus* et ne s'en distinguent essentiellement que par un seul point : les bractées qui accompagnent leurs fleurs, et dont le nombre varie de un à trois, sont petites, souvent caduques, et ne forment pas un involucre persistant autour du fruit qu'elles envelopperaient. D'ailleurs les fleurs, ordinairement petites, peu brillantes, présentent dans leurs différentes parties ces nombreuses variations de formes et de proportions que nous avons observées dans les *Mirabilis* et dans les types voisins. Leur périanthe, plus ou moins étranglé vers son milieu, a une portion supérieure pétaloïde, infundibuliforme ou campanulée, caduque, et une portion inférieure qui persiste autour du fruit, tubuleuse, obconique ou claviforme. Dans le *B. gibbosa* [2], elle est insymétrique et gibbeuse d'un côté; ce qui a motivé la création d'un genre *Senkenbergia* [3]; dans les autres, elle est régulière. Les étamines sont en même nombre que les divisions de la corolle, ou, plus ordinairement, moins nombreuses; il n'y en a souvent que trois, comme dans les *Oxybaphus*, ou deux, ou même une seule. Elles sont unies inférieurement et sortent plus ou moins longuement de la corolle. Le style est plus ou moins obtus à son extrémité stigmatifère. Le fruit induvié est analogue à celui des autres Nyctaginacées. Certains *Boerhaavia* ont les fleurs disposées en épis [4]; d'autres, en ombelles ou en verticilles; d'autres encore, en grappes ou en capitules, simples ou composés. Tous sont herbacés ou frutescents à la base, avec des feuilles opposées, simples et pétiolées. On en compte environ vingt-cinq espèces [5], abondantes surtout en Amérique; mais le genre se retrouve dans toutes les régions chaudes du globe.

GÆRTN., *Fruct.*, III, 182, t. 214. — LAMK, *Dict.*, I, 85, n. 2; *Ill.*, t. 58. — LHÉR., *Stirp.*, 63, t. 31. — H. B. K., *Nov. gen. et spec.*, II, 214. — ENDL., *Gen.*, n. 2005 (part.). — C. GAY, *Fl. chil.*, V, 208. — CHOIS., *Prodr.*, 434, n. 5. — *A. malacoides* BENTH., *Voy. Sulph.*, *Bot.*, 44. — *Wedelia* LOEFL., *It.*, 180 (nec JACQ.).

1. L., *Hort. Cliff.*, 17; *Gen.*, ed. 1, n. 22. — ADANS., *Fam. des pl.*, II, 265. — J., *Gen.*, 91; in *Ann. Mus.*, II, 208, t. 127. — POIR., *Dict.*, V, 52; Suppl., IV, 319; *Ill.*, t. 4. — ENDL., *Gen.*, n. 2000. — CHOIS., *Prodr.*, 449, n. 15. — *Dantia* LIPP., mss. (ex DEL., *Fl. ægypt.*, II, 2, nec DUP.-TH.). — *Antanisophyllum* VAILL., in *Act. par.* (1792), 190. — *Senkenbergia* SCHAUER, in *Linnæa*, XIX (1847), 711. — *Tinantia* MART. et GAL., in *Bull. Acad. Brux.*, XI, n. 4, 30. — CHOIS., *Prodr.*, 457, n. 16. — *Lindenia* MART. et ZUCC., *loc. cit.*, 17 (nec HOOK.).

2. PAV., in *Herb.* (ex A. GRAY, *Brief. Char...*, 9, n. 6). — *Lindenia gypsophiloides* MART. et GAL. — *Tinantia gypsophiloides* MART. et ZUCC. — *Senkenbergia annulata* SCHAUER, *loc. cit.*

3. Nom que M. A. GRAY applique à une section du genre *Boerhaavia*.

4. Notamment les *Senkenbergia* et le *B. spicata* CHOIS., *Prodr.* (456, n. 21).

5. L., *Spec.*, 4. — W., *Spec.*, I, 19; *Phyt.*,

Les *Abronia*[1] ont l'inflorescence des *Nyctaginia*, avec un involucre de cinq folioles ordinairement et des différences dans le périanthe et le fruit. Le premier est hypocratérimorphe, avec un tube renflé à la base, et un limbe étalé plus ou moins obliquement et partagé en lobes égaux ou un peu inégaux [2]. L'androcée est formé de cinq étamines inégales, incluses, collées au périanthe par une portion de leurs filets. Le style est claviforme ou atténué vers son sommet stigmatifère. Le fruit (fig. 13) est étroit et allongé; et la portion basilaire du périanthe, qui persiste autour de lui, se dilate, comme dans les *Selinocarpus*, en ailes encore plus développées, membraneuses et veinées. L'embryon n'a généralement qu'un cotylédon, l'intérieur avortant. Les *Abronia* sont des herbes rampantes, originaires des portions tempérées de l'Amérique du Nord. On en a décrit une demi-douzaine, qui sont peut-être toutes des variétés d'une seule et même espèce [3]. Leurs feuilles sont opposées, longuement pétiolées, inégales; leurs inflorescences pédonculées sont terminales, quoiqu'elles semblent latérales ou axillaires.

Abronia cycloptera.

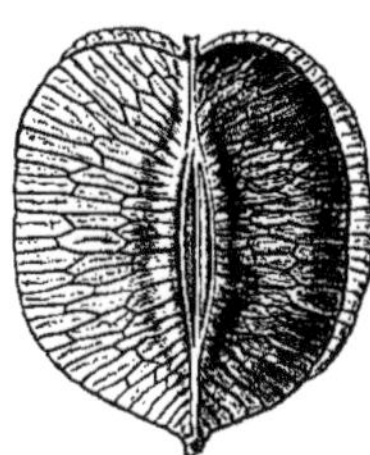

Fig. 13. Fruit.

Les *Pisonia*[4] (fig. 14-17) ont les fleurs régulières et polygames. Dans certaines d'entre elles, qui sont hermaphrodites, on observe un périanthe en forme de cylindre, plus ou moins dilaté supérieurement, là où il est partagé en cinq lobes valvaires. Plus intérieurement sont cinq étamines, alternes avec les divisions du périanthe, exsertes, unies à la base, à anthères introrses, et un gynécée semblable à celui des *Mirabilis*. Le fruit, entouré de la portion inférieure,

I, n. 3. — VAHL, *Enum.*, I, 287. — LOUR., *Fl. cochinch.*, 20. — H. B. K., *Nov. gen. et spec.*, II, 216. — FORST., *Prodr.*, n. 5. — LAG. et RODR., in *Ann. cienc. natr.* (1801), 256. — RICH., in *Act. Soc. Hist. nat. par.*, I, 105. — R. BR., *Prodr.*, 422. — C. GAY, *Fl. chil.*, V, 209. — A. GRAY, *Biref. Char...*, 7. — WALP., *Ann.*, I, 559; III, 298; V, 722.

1. J., *Gen.*, 448. — GÆRTN., *Fruct.*, III, 181, t. 214. — LAMK, *Dict.*, VIII, 85; *Ill.*, t. 105. — ENDL., *Gen.*, n. 2002. — CHOIS., *Prodr.*, 435, n. 6. — *Tricratus* LHÉR., *Diss.*, c. ic. — *Cycloptera* NUTT., mss. — *Apaloptera* NUTT., mss. (ex A. GRAY).

2. Dans ce cas, les extérieurs sont les plus développés.

3. HOOK., in *Bot. Mag.*, 2879; *Exot. Fl.*, t. 193, 194; *Fl. bor.-amer.*, II, 125. — ESCH., in *Mém. Pétersb.*, X; *Descr. pl. Nov.-Calif.*, 281. — BENTH., *Voy. Sulph.*, *Bot.*, 43. — TORR., in *Frem. first Rep.*, 96; in *Emor. Rep.*, 149; in *Stansb. expl. Rep.*, 395. — A. GRAY, *Brief Char...*, 5.

4. PLUM., *Icon.* (ed. BURM.), t. 227; *Amer.*, 7, t. 11 (nec ROTTB.) — L., *Gen.*, n. 897. — ADANS., *Fam. des pl.*, II, 265. — J., *Gen.*, 91; in *Ann. Mus.*, II, 275. — GÆRTN., *Fruct.*, I, t. 76. — POIR., *Dict.*, V, 346; Suppl., IV, 419. — LAMK, *Ill.*, t. 861. — ENDL., *Gen.*, n. 2012. — CHOIS., *Prodr.*, 440. — *Torrubia* VELLOZ., *Fl. flum.*, III, t. 150. — *Bessera* VELLOZ., *op. cit.*, IV, t. 2. — *Pallavia* VELLOZ, *op. cit.*, IV, t. 12. — *Columella* VELLOZ., *op. cit.*, IV, t. 17. — *Tragularia* KOEN. (ex ROXB., *Fl. ind.*, II, 345). — *Calpidia* DUP.-TH., *Hist. pl. il. Afr. austr.*, 23, t. 8 (incl.: *Cephalotomandra* KARST. et TRI., *Neea* R. et PAV., *Vieillardia* AD. BR. et GR.).

persistante et durcie, du périanthe, est sec, monosperme; et la graine qu'il contient renferme sous ses téguments très-minces un embryon rectiligne, à radicule infère, qu'accompagne un albumen peu volumineux. Dans les fleurs mâles, le gynécée demeure peu volumineux ou stérile, ou disparaît rarement. Dans les fleurs femelles, les étamines sont, ou moins nombreuses, ou beaucoup plus courtes, incluses, à anthères stériles, ou sans anthères; quelquefois même elles disparaissent aussi totalement. Mais les espèces, au nombre d'une trentaine, que renferme le genre *Pisonia*, sont sujettes à un nombre indéfini de variations. Le périanthe est variable de forme, suivant les espèces et suivant les sexes. Dans les fleurs femelles, il est souvent cylindrique ou claviforme. Dans les mâles, il est fréquemment plus court, ovoïde, obovoïde ou campanulé. Ses divisions, parfois peu profondes, sont, ou légèrement rédupliquées, ou, plus souvent, indupliquées dans le bouton. L'androcée est ordinairement le siége de dédoublements qui font qu'au lieu de cinq étamines, il y en a six, sept, huit, ou encore davantage, de douze à trente, et même, dans le *Cephalotomandra* [1] et les *Vieillardia* [2], de trente à quarante. L'ovaire a toujours la même organisation; mais l'extrémité stigmatifère du style est très-variable quant à la forme, tantôt linéaire, papilleuse d'un côté, ou renflée en massue, ou en tête irrégulière, ou partagée en branches papilleuses, comme dans les *Mirabilis*, ou même divisée en longs rayons pénicillés. Les étamines sont longuement exsertes dans la plupart des *Pisonia* proprement dits; mais dans certaines espèces, ou dans les fleurs d'un seul sexe, elles sortent un peu seulement du pé-

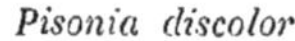
Pisonia discolor.

Fig. 14. Fleur (4/1).

Fig. 15. Fleur, coupe longitudinale.

Pisonia aculeata.

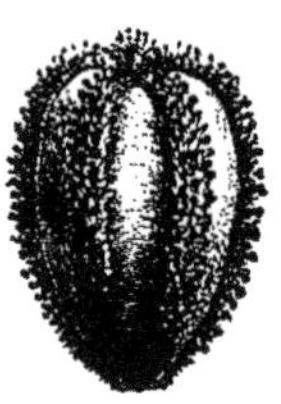
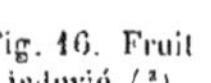
Fig. 16. Fruit induvié (3/2).

Fig. 17. Fruit, coupe transversale.

1. *C. fragrans* KARST. et TRI., *Fl. gran.*, 23 (ex WALP., *Ann.*, V, 721). Le périanthe est urcéolé-subcampanulé dans les fleurs mâles. Les étamines y sont incluses, tandis que, dans les fleurs femelles, elles sont stériles et légèrement exsertes. Le fruit induvié est d'ailleurs celui de la plupart des *Pisonia*.

2. AD. BR. et GR., in *Bull. Soc. bot. de Fr.*, VIII, 375; in *Ann. sc. nat.*, sér. 5, 338. Le calice est subcampanulé.

rianthe [1], et l'on a même distingué le genre *Neea* [2], d'ailleurs en tout semblable aux autres *Pisonia*, par ce seul caractère que ses étamines seraient constamment incluses; ce qui n'est pas tout à fait absolu. Les plus grandes variations s'observent dans le fruit et dans la graine: d'abord quant à l'induvie que forme autour du péricarpe la portion durcie du périanthe. Elle est globuleuse, ou ovoïde, ou claviforme, ou longuement allongée en cône. Les cinq côtes saillantes qu'elle porte sont, ou nues, peu visibles, ou occupées par des glandes qui l'enduisent d'un produit de sécrétion visqueuse. Ailleurs ces glandes capitées, stipitées, proéminent à sa surface (fig. 16, 17) et produisent un suc gluant très-abondant. Le fruit remplit, ou la totalité, ou une portion variable de ce sac. La graine qu'il renferme est occupée presque en entier par l'embryon, qui est aussi long ou plus long qu'elle. Dans ce dernier cas, ses cotylédons se corruguent plus ou moins dans leur longueur; ou même leur sommet se replie plus ou moins sur leur base [3], comme dans les *Mirabilis* et autres genres analogues. D'ailleurs les deux cotylédons s'enveloppent l'un l'autre. Plus ils s'élargissent, plus ils deviennent concaves du côté postérieur. Leurs bords incurvés tendent à se rejoindre en dedans; ailleurs encore ils s'involutent une ou plusieurs fois sur eux-mêmes. L'albumen, devenant d'autant moins abondant que les cotylédons empiètent davantage sur sa masse, occupe leur concavité et se réduit parfois à une mince languette qui remplit la dépression de chaque moitié du cotylédon postérieur. Ailleurs ce n'est plus qu'une baguette ou une sorte de filament muqueux [4]; parfois même il disparaît presque complétement. Avec toutes ces variations dans leur fleur et leur fruit, les *Pisonia* présentent dans leurs organes de végétation des caractères assez constants. Ce sont toujours des arbres ou des arbustes, qui habitent les régions chaudes de toutes les parties du monde [5]. Leur écorce est spongieuse; leurs rameaux, assez souvent épineux. Leurs feuilles sont alternes ou opposées, simples, généralement

1. C'est dans les espèces du nouveau monde qu'on a surtout décrit des étamines incluses. (Voy. NETTO, in *Ann. sc. nat.*, sér. 5, V, 82.)

2. R. et PAV., *Prodr.*, 52, t. 9; *Fl. per. et chil.*, 90. — J., in *Ann. Mus.*, II, 275. — ENDL., *Gen.*, n. 2011. — CHOIS., *Prodr.*, 447. — *Nebra* NORONH., mss. — *Mitscherlichia* K., in *Berl. Akad. Abhandl.* (1831), 219; (1832), t. 3.

3. Le fait se produit dans certaines graines du *Vieillardia*.

4. Par exemple, dans le *Calpidia lanceolata* DUP.-TH. et plusieurs autres.

5. L., *Spec.*, 1511. — SW., *Prodr.*, 60; *Fl. ind. occ.*, 643, 1960. — H. B. K., *Nov. gen. et spec.*, II, 217. — R. BR., *Prodr. Fl. Nov.-Holl.*, 422. — ENDL., *Prodr. Fl. norfolk.*, 43. — BL., *Bijdr.*, 735. — GUILLEM., *Zeph. tait.*, 39. — DELESS., *Ic. sel.*, III, 51, t. 87. — POEPP. et ENDL., *Nov. gen. et spec.*, 45, t. 161, 162 (*Neea*). — CASAR., *Dec. pl. bras.*, VIII, 69. — LINK, KL. et OTT., *Pl. Hort. berol.*, 37, t. 15. — LINK, *Enum.*, I, 354. — BENTH., *Pl. Hartweg.*, n. 381. — NETTO, in *Ann. sc. nat.*, sér. 5, V, 80, t. 7, 8. — WALP., *Ann.*, I, 561; III, 298; V, 722.

entières, glabres, sans stipules. Leurs fleurs sont disposées en grappes simples ou rameuses, ordinairement composées de cymes, parfois ombelliformes ou corymbiformes, terminales, latérales, ou insérées sur le bois de la tige ou des branches. Chaque fleur est accompagnée à sa base de petites bractées, ordinairement au nombre de deux ou trois, plus rarement de quatre à six.

Les *Colignonia* [1] ont un périanthe dont la portion inférieure a la forme d'une bourse ovoïde, enveloppant l'ovaire, avec une ouverture étroite au delà de laquelle il se dilate en un limbe en cloche à trois ou cinq folioles valvaires. L'androcée est formé de cinq ou six étamines hypogynes, plus ou moins longuement exsertes; et le gynécée, inséré tout au fond de la fleur, a un ovaire glabre, uniovulé, surmonté d'un style à extrémité stigmatifère capitée, papilleuse, ou pénicillée. Le fruit est un achaine qu'enveloppe le périanthe, persistant tout entier. Sa portion inférieure se dilate en une sorte de sac à trois ou cinq ailes verticales. Les trois ou quatre espèces [2] de ce genre sont des plantes herbacées ou suffrutescentes, à fleurs très-petites et très-nombreuses, disposées en grappes simples ou ramifiées de cymes, souvent ombelliformes, quelquefois accompagnées de bractées ou feuilles modifiées, pétaloïdes. Elles habitent toutes l'Amérique tropicale occidentale.

Les *Boldoa* [3] ont un périanthe tubuleux, analogue à celui de certains *Pisonia*, et partagé supérieurement en quatre dents valvaires ou indupliquées. Au fond se trouvent un gynécée, surmonté d'un long style subulé, et trois ou quatre étamines hypogynes, exsertes. On en décrit trois ou quatre espèces, dont la plus connue est mexicaine [4]. Les autres sont des régions voisines, herbacées ou suffrutescentes, à feuilles alternes, sans stipules, à fleurs nombreuses, disposées en grandes grappes composées, très-ramifiées et terminales [5].

Les fleurs des *Bougainvillea* [6] (fig. 18-20) sont tubuleuses comme

1. ENDL., *Gen.*, n. 2001. — CHOIS., *Prodr.*, 439, n. 11.

2. H. B. K., *Nov. gen. et spec.*, II, 216. t. 128 (*Abronia*). — SPRENG., *Syst.*, I, 536 (*Tricratus*). — BENTH., *Pl. Hartweg.*, 148, n. 628.

3. CAV., *Cat. Hort. matrit.* (1803), t. 7 (nec J.). — LAGASC., *Diagn.*, 10. — CHOIS., *Prodr.*, 438. — *Salpianthus* H. B., *Pl. æquin.*, I (1805), 155. — ENDL., *Gen.*, n. 2010.

4. SPRENG., *Syst.*, I, 179. — H. B. K., *Nov. gen. et spec.*, II, 218. — POIR., *Dict.*, Suppl., V, 23; *Ill.*, Suppl., cent. 10, ic. — MART. et GAL., in *Bull. Acad Brux.*, X, n. 4, 16. — BENTH., *Voy. Sulph.*, *Bot.*, 155.

5. On pourrait sans doute faire rentrer, à titre de section, dans ce genre, le *Reichenbachia hirsuta* (SPRENG., in *Bull. Soc. philom.* (1823), 54, t. 1; — ENDL., *Gen.*, n. 2009; — CHOIS., *Prodr.*, 439, n. 10), plante colombienne qui a les organes de végétation et les fleurs des *Boldoa*, mais dont l'androcée diandre et le style sont inclus.

6. CHOIS, *Prodr.*, 437. — *Buguinvillea* COMMERS., ex J., in *Ann. Mus.*, II, 275; *Gen.*, 91. — GÆRTN., *Fruct.*, III, 206, t. 216. — LAMK, *Ill.*, t. 294. — ENDL., *Gen.*, n. 2008. — SCHNIZL., *Iconog.*, n. 104. — DUCHTRE, in *Ann. sc. nat.*, sér. 3, IX, 281, t. 16, 17. — CHOIS., *Prodr.*, 437. — *Josepha* VELLOZ., *Fl. flum.*, IV, t. 16.

celles des *Boldoa*, et plus longues encore. Leur sommet se dilate un peu en un limbe à cinq dents, valvaires-indupliquées dans le bouton. Leur androcée est formé de sept ou huit étamines incluses, à filets grêles, monadelphes à la base (fig. 20). Leur gynécée est celui des

Bougainvillea spectabilis.

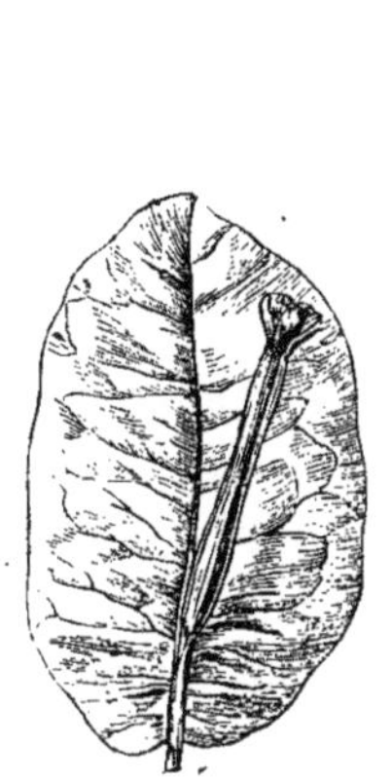

Fig. 19. Fleur et sa bractée.

Fig. 18. Inflorescence.

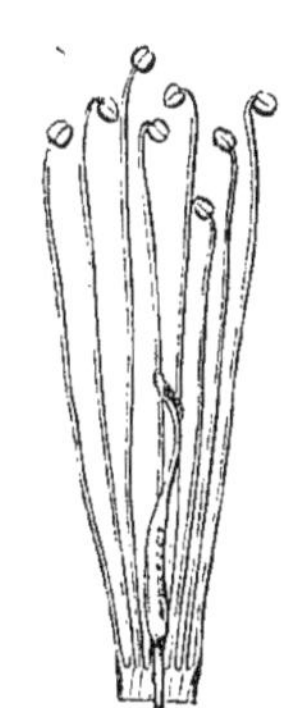

Fig. 20. Organes sexuels.

Nyctaginacées en général, et leur style grêle est obtus ou renflé en massue vers son sommet stigmatifère[1]. Mais ce qui distingue avant tout ce genre, c'est que ses fleurs sont entourées de trois feuilles pétaloïdes (fig. 18, 19), qui ont la forme et la taille des feuilles caulinaires et n'en diffèrent que par leur coloration et leur consistance. Dans les *Bougainvillea* proprement dits, chacune de ces larges bractées a dans son aisselle une fleur qui est connée avec elle dans une étendue variable de sa nervure principale; tandis que dans les *Tricycla*[2], ordinairement distingués comme genre, il n'y a qu'une fleur au centre des trois bractées. Les *Bougainvillea* sont des arbustes, souvent sarmenteux et épineux[3], à feuilles alternes, simples, sans stipules. On en décrit une demi-douzaine d'espèces[4], toutes originaires des régions chaudes de l'Amérique méridionale.

1. Le funicule épaissi, court, forme à l'ovule une sorte d'obturateur.

2. CAV., *Ic. rar.*, VI, 79, t. 598; in *Ann. cienc. nat.*, V, 63, t. 40. — J., in *Ann. Mus.*, II, 275. — ENDL., *Gen.*, n. 2007. — CHOIS., *Prodr.*, 436. — *Torreya* SPRENG., *N. Entd.*, II, 121 (ex ENDL., nec ARN., nec RAFIN.).

3. Les épines, simples, ou 2, 3-furquées au sommet, représentent, comme dans les *Pisonia*, des rameaux axillaires ou des pédoncules florifères, et peuvent çà et là porter, soit des feuilles, soit des bractées colorées et même des fleurs.

4. POIR., *Dict.*, VIII, 86; Suppl., V, 358 (*Tricycla*). — W., *Spec.*, II, 348. — H. B. K., *Nov. gen. et spec.*, I, 173, t. 49. — PERS., *Enchirid.*, I, 418. — ? BLANCO, *Fl. filipp.*, 307. — GARDN., in *Hook. Journ.*, I, 185. — NEUW., *Reis. Bras.*, I, 44, 91, 317; II, 148.

B. DE JUSSIEU[1] avait établi un ordre des *Jalapæ* dans lequel il plaçait, avec les *Pisonia*, *Boerhaavia* et *Mirabilis*, toutes les Plumbaginées et Amarantées connues de son temps. C'est ADANSON[2] qui réduisit aux trois genres ci-dessus nommés la famille des Jalaps. Il n'y conserva, en outre, que les *Plumbago*, dont A. L. DE JUSSIEU[3] fit un ordre spécial, distinct de celui des Nyctages, auquel il ajouta le genre *Bugainvillea* de COMMERSON. LINDLEY[4], qui donna le premier à cette famille le nom de Nyctaginacées, y réunissait, de même qu'ENDLICHER[5], onze des genres que nous connaissons actuellement, c'est-à-dire, outre ceux qu'avait rassemblés A. L. DE JUSSIEU, les *Abronia*, *Oxybaphus*, *Allionia*, *Boldoa* (*Salpianthus*), *Reichenbachia*, *Colignonia* et *Okenia*[6]. M. CHOISY qui, en 1849, rédigea pour le *Prodromus* la description des Nyctaginacées, établit le nouveau genre *Nyctaginia*[7], auquel, quatre ans plus tard, M. A. GRAY ajouta les *Pentacrophys* et *Selinocarpus*[8]. Les quatorze genres que nous avons conservés renferment environ cent vingt espèces, dont près de cent appartiennent aux régions chaudes du nouveau monde, s'étendant du Mexique et des États-Unis du Sud au Chili et à la Plata. Il n'y a en Australie que trois *Pisonia* et deux *Boerhaavia* répandus dans tous les pays chauds du globe. Les régions chaudes de l'Océanie possèdent huit ou dix *Pisonia* qui leur sont spéciaux. Il y en a un nombre un peu moindre en Asie et à Madagascar. Les genres *Abronia*, *Okenia*, *Nyctaginia*, *Pentacrophys*, *Selinocarpus*, réduits à une ou à un très-petit nombre d'espèces, n'habitent que les régions austro-occidentales de l'Amérique du Nord. Les *Boldoa* et *Colignonia* s'étendent plus au midi, dans l'ouest de l'Amérique du Sud. L'*Allionia* occupe une longue zone occidentale depuis le Mexique jusqu'au Chili. Les *Oxybaphus* sont tous américains, sauf une espèce indienne, qui occupe les flancs de l'Himalaya. Les *Mirabilis* sont tous américains; mais le *M. Jalapa* a été introduit dans tous les pays chauds et tempérés du globe.

1. *Ord. nat.* (1759), in *A. L. Juss. Gen.*, lxviii.
2. *Fam. des pl.*, II (1763), 263, fam. XXXVI. — *Nyctagineæ* J., in *Ann. Mus.*, II, 269. — *Allioniaceæ* HOR., *Prim. lin. Syst.*, 68. — *Jalapineæ* BATSCH, *Aff.*, 324.
3. *Gen.* (1789), 90, ord. 3.
4. *Nat. Syst.*, ed. 2, 213; *Veg. Kingd.* (1846), 506, ord. 192.
5. *Gen.*, 310, ord. 104.
6. Plus les *Tricycla*, *Reichenbachia*, *Neea*, rapportés respectivement par nous aux genres *Bougainvillea*, *Boldoa* et *Pisonia*, avec l'*Epilithes* BL., qui est un *Serpicula*.
7. Plus le *Quamoclidion*, rapporté ici aux *Mirabilis*.
8. *Brief Char. of some new gen. and spec. of Nyctagin., princ. coll. in Texas and N. Mexico* (in *Amer. Journ. of sc.*, ser. 2, 1853). L'auteur établit aussi dans ce mémoire le genre *Acleisanthes*, que nous joignons aux *Mirabilis* à titre de section.

Les Nyctaginacées ont été considérées comme alliées en même temps aux Polygonacées, Chénopodiacées. Plumbaginacées, Phytolaccacées. Cannabinées, Valérianacées, Pipéracées. Malgré des ressemblances extérieures, elles s'écartent nettement des trois premières familles, parce que, dans celles-ci, le placenta basilaire porte l'ovule autour duquel la paroi ovarienne est formée par la réunion de deux ou plusieurs feuilles carpellaires. Les Cannabinées ont aussi plus d'une feuille carpellaire au gynécée, et un placenta axile supportant un seul ovule descendant dans la loge fertile. Les Valérianacées n'ont aucun des caractères essentiels des Nyctaginacées ; car leur ovaire est réellement infère, l'insertion de leur périanthe étant de celles qu'on nomme épigynes[1]. L'ovaire des Nyctaginacées est au contraire tout à fait libre et supère; mais il est construit absolument comme celui des Pipérées et des Urticacées, c'est-à-dire formé d'une seule feuille carpellaire, insérée sur le côté de l'axe qui porte un seul ovule ascendant. Toutefois l'ovule des Nyctaginacées, réfléchi, et non orthotrope, les distingue nettement des Pipérées, qui n'ont, ni leur périanthe pétaloïde, ni leur embryon extérieur à l'albumen, mais qui possèdent un albumen double. D'autre part, le gynécée des Nyctaginacées est aussi construit comme celui des Phytolaccacées unicarpellées, c'est-à-dire des Rivinées. Ces dernières ont également un albumen farineux, enveloppé par l'embryon; et elles ne se distinguent que par l'organisation de leur périanthe, lequel n'a pas une portion inférieure persistante, épaissie, durcie, pour former autour du fruit une sorte de péricarpe supplémentaire, en forme de sac presque complétement clos au sommet. Ce caractère ne manque jamais dans les Nyctaginacées, non plus que l'organisation susdite du gynécée et la direction constante de l'ovule unique. Ce qui varie au contraire dans ce petit groupe, et sert à distinguer les genres, c'est : le mode d'inflorescence, la taille et la coloration des bractées de l'involucre[2], la forme du périanthe, le nombre des étamines, la configuration de l'induvie qui entoure le fruit.

1. L'idée qu'eut autrefois A. L. DE JUSSIEU de comparer à un calice la portion persistante du périanthe, et sa portion supérieure à une corolle, est totalement inadmissible. Pour la même raison, l'affinité invoquée des *Pisonia* et des *Viburnum* n'est due qu'à des apparences superficielles. Les Thymélées unicarpellées ne se distinguent des Nyctaginacées, dans la fleur, que par la direction de leur ovule.

2. Dans le *Prodromus*, la famille a été divisée, d'après ce caractère, en trois tribus : les Mirabilées, qui ont l'involucre calyciforme ; les Bougainvillées, qui l'ont formé de larges bractées colorées; les Boerhaaviées, qui n'auraient pas d'involucre. Cette division artificielle a l'inconvénient d'éloigner les uns des autres des types tels que le *Mirabilis*, et d'autres, comme l'*Okenia*, l'*Acleisanthes*, le *Pentacrophys*, dont les organes de végétation et de floraison sont absolument les mêmes, mais qui ont, l'un de plus grandes, et l'autre de plus petites bractées, mais toujours insérées de la même façon.

Les organes de végétation présentent aussi d'assez grandes variations dans ce groupe. Les *Pisonia* sont des arbres ou des arbustes. Les *Bougainvillea* sont des arbustes épineux ou sarmenteux, tandis que, sauf les *Boldoa* et *Colignonia*, qui peuvent être frutescents, toutes les autres Nyctaginacées sont des herbes, annuelles ou vivaces. La structure des tiges est fréquemment comparable à celle des Pipéracées, en ce sens que leur système fibro-vasculaire est souvent double, l'un intérieur et l'autre extérieur. Celui-ci est, d'après UNGER [1], formé, dans les *Mirabilis*, de faisceaux fibro-vasculaires indépendants les uns des autres et du système central, et reliés seulement entre eux, çà et là, par des anastomoses latérales. L'intérieur est au contraire simple, et consiste en une zone vasculaire dont les faisceaux passeraient dans les feuilles. Les *Oxybaphus*, également étudiés dans le même travail, présentent une structure analogue, et ont pour caractère commun avec les *Mirabilis*, que leur bois est parsemé de faisceaux de tissu générateur, irrégulièrement disséminés. Ces observations ont été reprises par plusieurs auteurs[2], et en particulier, dans ces dernières années, par M. REGNAULT [3], qui a constaté dans le *Pisonia fragrans*, en dedans des couches épidermique, subéreuse et herbacée, une zone libérienne rudimentaire, formée de fibres écartées, peu ponctuées, auxquelles sont interposées des cellules riches en cristaux. Vient ensuite une zone génératrice qui entoure, comme ailleurs, le bois et l'écorce; mais ceux-ci contiennent dans leur intérieur des formations spéciales qui donnent aux plantes de cette famille un caractère tout particulier. Dans le bois, il s'agit, outre les rayons médullaires, formés d'une seule rangée de cellules, de faisceaux fibro-vasculaires, représentant sur une coupe transversale des cercles concentriques d'îlots. Chaque faisceau comprend : en dehors, des cellules; plus intérieurement, des fibres, et tout à fait en dedans, des vaisseaux. Ce sont les mêmes faisceaux qui sont répétés dans la moelle, composés et disposés de même, c'est-à-dire disséminés comme dans une tige monocotylédone [4]. L'organisation générale est la même dans les *Oxybaphus* et les *Mirabilis*. Mais, dans les premiers, les faisceaux, dont la masse ligneuse était parsemée dans les *Pisonia*, « tendent à se

1. *Ueb. den Bau und das Wachsthum des Dicotyledonenstammes*. S. Petersb. (1840), in-4°, tab.

2. LINK, *Jahresb.* (1840). — MART., *Gelehrte Anzeig.* (1842), 391. — LINDL., *Introd. to Bot.*, I, 192; *Penn. Cyclop.*, X (*Boerhaavia*); *Introd.*, 215, fig. (*Pisonia*); *Veg. Kingd.*, 507. — HENFR., *Microsc. Dict.*, art. *Wood* (*Pisonia*, *Boerhaavia*). — SCHLEID., *Grundz.*, 251; in *Wiegm. Arch.* (1839), 223. — BISCH., *Lehrb.*, II, 64. — CRUEGER, in *Bot. Zeit.* (1850), 164 (*Pisonia*). — OLIV., *Stem in Dicot.*, 26.

3. In *Ann. sc. nat.*, sér. 4, XIV, 144, t. 9.

4. « Disposition qui introduit dans la masse ligneuse les éléments des couches corticales. » (REGN., *loc. cit.*)

rapprocher et à se joindre. La masse ligneuse générale dans laquelle ils sont plongés est déjà un peu moins homogène, et les fibres ligneuses, moins parfaites. » Et dans les *Mirabilis*, « les faisceaux restent à peu près les mêmes ; les fibres de la masse ligneuse générale ont tout à fait le caractère de fibres jeunes en voie de se former en partant de la forme primitive de la cellule allongée [1]. Dans les trois, la moelle est en partie remplie de faisceaux fibro-vasculaires isolés. » Les racines prennent rapidement dans plusieurs genres (*Mirabilis*, *Boerhaavia*, *Oxybaphus*, *Pentacrophys*, etc.) la forme conique d'un pivot renflé, à couches charnues concentriques, dans lequel s'amassent les sucs ; il est souvent gorgé de fécule et de certains principes actifs.

Ces principes donnent aux racines de plusieurs Nyctaginacées des propriétés [2], parfois assez énergiques, qui avaient porté les anciens à chercher dans cette famille l'origine de plusieurs médicaments évacuants, tels que le jalap. La production de celui-ci avait été autrefois attribuée à la Belle-de-nuit commune, ou *Mirabilis Jalapa* L. [3] (fig. 1-10), et aux *M. dichotoma* L. [4] et *longiflora* L. [5]. On sait aujourd'hui qu'ils ne donnent qu'une racine de faux-jalap, à coupe polie, noirâtre ou grisâtre, marquée de stries concentriques, « dure, compacte, très-pesante, d'une odeur faible et nauséeuse, et d'une saveur douceâtre, laissant un peu d'âcreté dans la bouche ». On la dit assez fortement purgative. Les *Boerhaavia* [6] ont souvent aussi des racines purgatives et vomitives. A la Guyane, celle du *B. diffusa* L. [7] porte le nom vulgaire d'Ipécacuanha. Le *B. tuberosa* LAMK [8] porte au Pérou celui de *Yerba de la purgacion*. En Afrique et dans l'Amérique centrale, le *B. erecta* L. [9]; dans l'Inde, le *B. procumbens* ROXB. [10], ser-

1. Les *Mirabilis* seraient dépourvus de véritable liber.

2. GUIB., *Drog. simpl.*, éd. 6, II, 444. — ENDL., *Enchirid.*, 194. — LINDL., *Fl. med.*, 365 ; *Veg. Kingd.*, 507. — ROSENTH., *Syn. pl. diaphor.*, 226, 1111.

3. Voy. p. 1-4.

4. *Spec.*, 252 (nec GAERTN.). — PLENK, *Off.*, t. 139. — CHOIS., *Prodr.*, 428, n. 2. — *Jalapa officinarum* MARTIN, *Cent.*, 1, t. 1. — *Nyctago dichotoma* J. (vulg. *Fleur de quatre heures*).

5. *Spec.*, 252. — PLENK, *Off.*, t. 138. — CHOIS., *Prodr.*, n. 5. — *Jalapa longiflora* MOENCH. — *Alzoyati* HERNAND., *Mexic.*, 170, fig. 2. — NEES D'ESENBECK (*Pl. medic.*, Suppl., t. 33) croyait que cette espèce donne la *racine de Méchoacan gris* ou *radix Metalistæ* des officines, qui est un drastique énergique. Le *M. suaveolens* (H. B. K., *Nov. gen. et spec.*, II, 213), et le *M. odorata* des jardins [in *Linnæa* (1838), 75], qui passent au Mexique pour de bons remèdes contre la diarrhée et les rhumatismes, sont rapportés, dans le *Prodromus*, à cette espèce.

6. H. BN, in *Dict. encycl. sc. méd.*, X, 18.

7. *Spec.*, 4. — CHOIS., *Prodr.*, 452, n. 9.

8. *Ill.*, I, 10. — CHOIS., *Prodr.*, 454, n. 16.

9. *Spec.*, 4 (nec FORST.). — CHOIS., *Prodr.*, n. 1.

10. Var., dit-on, du *B. diffusa*.

vent aussi de purgatifs. La racine du *B. decumbens* VAHL s'emploie comme émétique à la Guyane. On a prescrit encore le *B. procumbens* comme fébrifuge, le *B. scandens* L. comme antihémorrhoïdaire, le *B. hirsuta* W.[1] comme antiictérique. Quelques plantes de ce genre ont des bourgeons et des racines comestibles[2]. Les racines des *Pisonia* ont aussi, dit-on, des propriétés évacuantes : dans l'Inde, le *P. aculeata* L.[3]; en Amérique, le *P. noxia* NETT.[4]. Ce dernier passe au Brésil pour un irritant énergique, dont le contact produit des démangeaisons et même, assure-t-on, la lèpre[5]. Le *P. Capparosa* NETT.[6], du Brésil, sert à préparer une boisson infusée, dans la province de Minas-Geraes, et surtout à teindre en noir les étoffes de coton[7]. Quelques *Pisonia* polynésiens et javanais ont un bois assez fort pour servir aux constructions[8]. Plusieurs sont cultivés dans nos serres pour la beauté de leur feuillage[9]. Le *Cephalotomandra fragrans*[10] a, comme plusieurs autres *Pisonia*, des fleurs nombreuses et parfumées. Il en est de même de quelques *Mirabilis*, cultivés dans nos jardins pour leurs fleurs à épanouissement nocturne, principalement du *M. longiflora*, qui répand le soir une odeur douce et musquée. Les *Abronia* ont été introduits dans nos parterres comme plantes d'ornement, notamment l'*A. umbellata*[11]. Les *Bougainvillea* font la parure de nos serres, non par leurs fleurs, qui sont peu visibles, mais par les couleurs vives des trois bractées pétaloïdes qui protégent l'inflorescence.

1. *Phyt.*, I, n. 3. — CHOIS., *Prodr.*, n. 5.

2. On mange les jeunes pousses du *B. erecta.* Les pivots du *B. mutabilis* sont récoltés comme salsifis dans les îles de la mer du Sud. L'*Olus album* RUMPH. (*Herb. amboin.*, I, 78), dont les bourgeons se mangent à Amboine avec les viandes, a été nommé par SPANOGHE [in *Linnæa* (1841), 342] *Pisonia alba.*

3. *Spec.*, 1511. — CHOIS., *Prodr.*, 440, n. 1. — *Tragularia horrida* KOEN. — *Pallavia loranthoides* H. B. K. (*Fingrigo* de la Jamaïque).

4. In *Ann. sc. nat.*, sér. 5, V, 80, t. 7.

5. D'où ses noms vulgaires de *Pao lepra*, *Pao Judeo*. On l'appelle encore *Jodo molle*.

6. *Loc. cit.*, 82, t. 8 (vulg. *Capparosa do campo*).

7. Les feuilles du *P. noxia* servent aux mêmes usages.

8. Notamment le *P. sylvestris* TEYSM. et BINN. (ex ROSENTH., *op. cit.*, 1111).

9. Au Pérou, les oréfvres emploient le *Chuleo*, ou *Colignonia parviflora* ENDL., à nettoyer les vases d'argent.

10. Voy. p. 9, note 1.

11. LAMK, *Ill.*, t. 5.—CHOIS., *Prodr.*, 435, n. 1.

GENERA

1. **Mirabilis** L. — Flores hermaphroditi regulares. Calyx petaloideus tubulosus v. tubuloso-infundibuliformis; limbo demum patulo, 5-dentato, inter dentes membranaceo-dilatato et in alabastro induplicato-contorto; tubo basi leviter dilatato supraque dilatationem nonnihil constricto; parte superiore caduca. Stamina 5, inæqualia, perianthii tubum æquantia v. paulo superantia, ejus cum dentibus alternantia; filamentis ima basi 1-adelphis, in tubum brevissimum nunc incrassato-carnosum disciformem connatis, ultra liberis; antheris brevibus, 2-locularibus, lateraliter v. subintrorsum ad margines rimosis. Germen superum liberum, disco tenui basi cinctum, 1-loculare; stylo gracili ad apicem recurvo, summo apice globoso in ramulos breves simplices v. parce ramosos capitellato-stigmatosos diviso; ovulo 1, subbasilari suberecto, ad basin anguli interni germinis inserto, anatropo v. subcampylotropo; micropyle antice infera. Fructus (achænium v. fere caryopsis) basi calycis indurata, 5-angulata staminumque basi vestitus; seminis suberecti albumine interiore farinaceo; embryonis incurvo-involuti peripherici cotyledonibus incumbentibus inæqualibus (interiore minore); radicula cylindro-conica infera. — Herbæ; radice sæpius tuberoso-conica; caule ramisque nodoso-articulatis; foliis oppositis simplicibus exstipulaceis; floribus ad summos ramulos in cymas (nunc 1-paras) confertis; involucro (nunc calyciformi) e bracteis 5, magnis, basi connatis, imbricatis v. subvalvatis, nunc parvis, 2 v. 3 (*Acleisanthes*), formato, aut 1-floro (*Eumirabilis*, *Acleisanthes*), aut 3-∞-floro (*Quamoclidion*) ; floribus basi ultra involucrum articulatis. (*America trop. et subtrop., occ.*) — *Vid. p.* 1.

2? **Nyctaginia** Chois. — Flores fere *Mirabilis;* calyce tubuloso ad apicem dilatato, 5-plicato. Stamina 5, longe exserta. Stylus stamina æquans, germen fructusque *Mirabilis.* — Herba; foliis oppositis; floribus terminalibus, spurie capitatis, articulatis, involucro polyphyllo imbricato cinctis. (*Mexico.*) — *Vid. p.* 4.

3. **Okenia** Schied. — Flores fere *Mirabilis;* perianthii subinfundibuliformis limbo regulari, 5-fido; lobis emarginatis. Stamina 15-18. Fructus basi calycis indurata suberosa, 10-costata, apice clausa, vestitus, demum (pedunculi elongatione) in terram post anthesin intrans. Cætera ut in *Mirabili.* — Herba prostrata; foliis glutinosis; floribus ad ramos axillares, sæpius breves, terminalibus solitariis; pedunculis post anthesin valde elongatis; bracteis 3, in involucrum breve, sub flore articulato, imbricatis. (*Mexico.*) — *Vid. p.* 5.

4. **Pentacrophys** A. Gray. — Flores fere *Okeniæ;* calyce regulari. Stamina 2. Germen *Mirabilis;* stylo gracili, apice peltato stigmatoso. Fructus basi calycis cylindrica, 5-costata, apice truncata, vestitus; costis crassis longitudinalibus suberosis, apice glandula magna umbonatis. Cætera ut in *Mirabili.* — Herba humilis, e radice lignescente multicaulis viscoso-pubens scabrida; foliis oppositis petiolatis; floribus terminalibus v. ad folia lateralibus; bracteis sub flore articulato 3, subulatis. (*N. Mexico.*) — *Vid. p.* 5.

5. **Selinocarpus** A. Gray. — Flores fere *Okeniæ;* calyce subcyathiformi v. infundibulari-tubuloso, 5-angulari. Stamina 2-5, mox exserta. Germen, fructus semenque *Mirabilis;* stylo *Okeniæ.* Fructus basi calycis accreta et in alas verticales 3-5, membranaceo-scariosas, producta indutus. — Herbæ humiles, nunc suffrutescentes, e radice tuberosa v. lignescente multicaules; floribus terminalibus v. ad folia lateralibus, 2-nis v. pluribus glomerulatis; bracteolis sub flore 1-3, minutis. (*N.-Mexico.*) — *Vid. p.* 5.

6. **Oxybaphus** Vahl. — Calyx basi brevissime tubulosus; limbo 4, 5-mero, regulari v. obliquo campanulato plicato, deciduo. Stamina 3, 4, ima basi connata. Germen *Mirabilis;* stylo apice granulato-capitato. Fructus ovatus costatus, semen, embryo albumenque *Mirabilis.* — Herbæ; foliis oppositis; floribus in cymas, sæpius 1-paras laterales, dispositis; involucro gamophyllo, 5-fido, 1-floro v. 3-floro

(*Allionopsis*), nunc 4, 5-floro, sæpius post anthesin marcescente aucto patulo. (*America trop.*, *subtrop.*, *India mont.*) — *Vid. p.* 5.

7. **Allionia** L. — Flores fere *Oxybaphi*, regulares, 4-meri. Stamina 4, inclusa. Gynæceum *Oxybaphi*. Fructus calycis basi indurata vestitus; alis 2, marginalibus dentato-spinulosis, demum anteflexis loculumque spurium anticum, intus 2-seriatim capitato-glandulosum, incomplete claudentibus. Semen *Oxybaphi*; embryone plicato. — Herba; foliis oppositis; floribus 3-natis, involucri gamophylli, 3-fidi, lobis oppositis. (*America calid. occ.*) — *Vid. p.* 6.

8. **Boerhaavia** L. — Calyx ad medium 2-partitus; parte superiore infundibuliformi v. campanulata petaloidea, apice 5-loba, decidua; parte inferiore cylindrica v. obconica, circa fructum persistente indurata (virescente v. nigrescente), nunc inde leviter gibbosa (*Senkenbergia*). Stamina 1-5, ima basi connata, sæpe exserta. Germen fere *Mirabilis*; stylo erecto, nunc postice longitudinaliter sulcato, apice stigmatoso incrassato. Fructus semenque fere *Oxybaphi*; embryone sæpius conduplicato. — Herbæ annuæ, perennes v. basi fruticantes; foliis oppositis; floribus (parvis indecoris) in spicas simplices v. ramosas, v. multo sæpius cymiferas, dispositis; cymis regularibus v. 1-lateralibus, rarius solitariis v. ad flores paucos v. 1, reductis; bracteis parvis haud coloratis. (*Orb. tot. reg. calid.*) — *Vid. p.* 7.

9. **Abronia** J. — Calyx hypocraterimorphus; tubo angusto, basi plus minus inflato; limbo patente, nunc obliquo, 5-lobo, deciduo. Stamina 5, inclusa, basi perianthio adnata. Germen ovulumque *Mirabilis*; stylo ad apicem stigmatosum subclavato. Fructus basi calycis 5-angulato-costata et in alas 3-5, plus minus membranaceo-venosas, dilatata vestitus. Semen *Mirabilis*; embryonis subcontorti v. conduplicati cotyledone altera (interiore) abortiva. — Herbæ repentes; foliis oppositis inæqualibus longe petiolatis; floribus glomerulatis spurie capitatis cum involucro, sæpius 5-phyllo, summo pedunculo sæpius elongato insertis. (*America bor. temp.*) — *Vid. p.* 8.

10. **Pisonia** PLUM. — Flores diœci v. polygami; calyce sæpius colorato forma valde vario, subovoideo, campanulato, clavato v. tubuloso (in flore fœmineo sæpe longiore magisque tubuloso); dentibus 4-6, sæpius 5, plerumque brevibus, valvatis v. induplicato-valvatis,

rarius subreduplicatis. Stamina 5-10, v. rarius 10-30-40; filamentis basi liberis v. leviter connatis, plerumque inæqualibus, aut exsertis (*Eupisonia*), rarius subexsertis, aut inclusis v. subinclusis (*Neea*), in flore fœmineo sterilibus, sæpius inclusis; antherarum loculis subovatis sejunctis. Germen ovulumque fere *Mirabilis*; stylo sæpius laterali (postico), incluso v. exserto, apice stigmatoso laterali, incrassato, subclavato, subcapitato v. plus minus penicilli–fimbriato v. ramoso. Fructus basi perianthii indurata, cylindrica, obovoidea, subclavata, ovoidea v. conoidea, lævi glabra v. ad costas 5 viscosissima v. glanduloso–serrata v. capitato–glandulosa, vestitus. Semen suberectum; embryonis erecti radicula infera; cotyledonibus rectis v. ad apicem incurvis conduplicatis, margine rectis v. incurvis v. involutis, sæpius inæqualibus (interiore minore); albumine ad cotyledonum concavitatem subnullo v. parco mucilagineo, nunc ditiore plus minus carnoso. — Arbores v. frutices, glabri v. pilosi; cortice sæpe spongioso; ramis sæpe (e ramulis axillaribus v. pedunculis abortivis) aculeatis; foliis alternis v. oppositis, sæpe integris; floribus cymosis; cymis solitariis terminalibus, nunc capituliformibus, sæpius in racemos simplices v. ramosos paniculatos dispositis; bracteis parvis, 1-3, v. rarius 4-6. (*Orbis tot. reg. calid.*) — *Vid. p.* 8.

11. **Colignonia** Endl. — Calyx subcampanulatus, 2-5-fidus, basi persistente circa germen dilatato-ovoideus. Stamina 3-6, inclusa. Germen ovulumque fere *Pisoniæ;* stylo gracili, apice stigmatoso capitato v. penicillato-multifido. Fructus calycis basi incrassata alato-3-5-gona vestitus, limbo perianthii persistente coronatus. — Herbæ v. fruticuli; foliis oppositis; floribus minutis crebris in umbellulas spurias, solitarias v. valde composito-ramosas, dispositis; bracteis parvis, nunc coloratis. (*America austr. calid. occ.*) — *Vid. p.* 11.

12. **Boldoa** Cav. — Calyx tubulosus, apice 4-dentatus. Stamina 2-4, hypogyna, exserta v. rarius (*Reichenbachia*) inclusa. Germen ovulumque fere *Pisoniæ;* stylo gracili erecto, apice acutato v. capitato stigmatoso, exserto v. incluso (*Reichenbachia*). — Herbæ, suffrutices v. fruticuli; foliis alternis; floribus cymosis parvis; cymis in racemos simplices v. ramosos, nunc corymbiformes, dispositis; bracteis minutis. (*America. calid. occ.*) — *Vid. p.* 11.

13. **Bougainvillea** Commers. — Calyx longe tubulosus; limbo ab-

breviato, 5-dentato, induplicato-valvato. Stamina 5-8, v. rarius 9, 10, inclusa. Germen ovulumque fere *Pisoniæ;* stylo postice excentrico, ad apicem incrassatum, subclavatum v. attenuatum, lateraliter stigmatoso. Fructus perianthii tubo cylindrico vestitus. — Arbusculæ v. frutices, sæpe scandentes spinisque (ramis v. pedunculis axillaribus abortivis) simplicibus v. apice 2, 3-fidis armati; floribus solitariis (*Tricycla*) v. 3-natis (*Eubougainvillea*), bracteis 3, involucrantibus, foliis æqualibus (splendide coloratis) cinctis. (*America austr. calid.*) — *Vid. p.* 11.

XXV

PHYTOLACCACÉES

I. SÉRIE DES PHYTOLACCA.

Les *Phytolacca*[1] ont les fleurs régulières, souvent hermaphrodites, avec un périanthe parfois pétaloïde, formé de cinq folioles imbriquées

Phytolacca decandra.

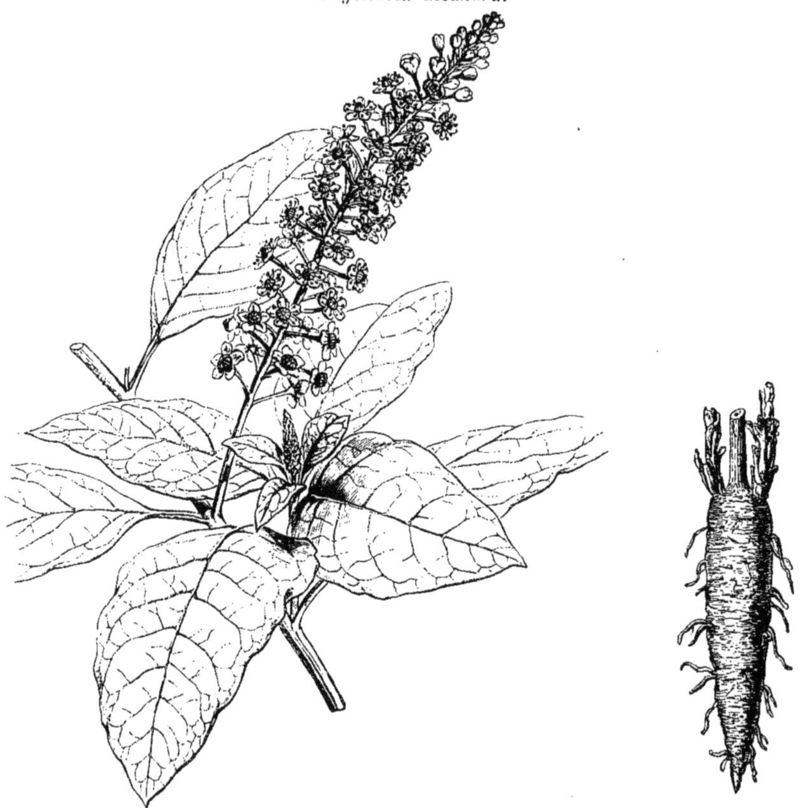

Fig. 21. Rameau florifère ($\frac{2}{3}$).

Fig. 28. Racine ($\frac{1}{10}$).

en quinconce, insérées sur un réceptacle convexe. Plus intérieurement, dans l'espèce qu'il est le plus facile d'étudier chez nous, le

1. T., *Inst.*, 299, t. 154.— L., *Gen.*, n. 588. —Adans., *Fam. des pl.*, II, 262.— J., *Gen.*, 84. —Poir., *Dict.*, V, 306; Suppl., IV, 406.— Lamk, *Ill.*, t. 393. — Gærtn., *Fruct.*, I, 377, t. 77.

P. aecandra [1] (fig. 21-28), il y a, ainsi que l'indique le nom spécifique, dix étamines, formées chacune d'un filet, libre ou uni dans une minime étendue avec la base des filets voisins, et d'une anthère à peu près

Phytolacca decandra.

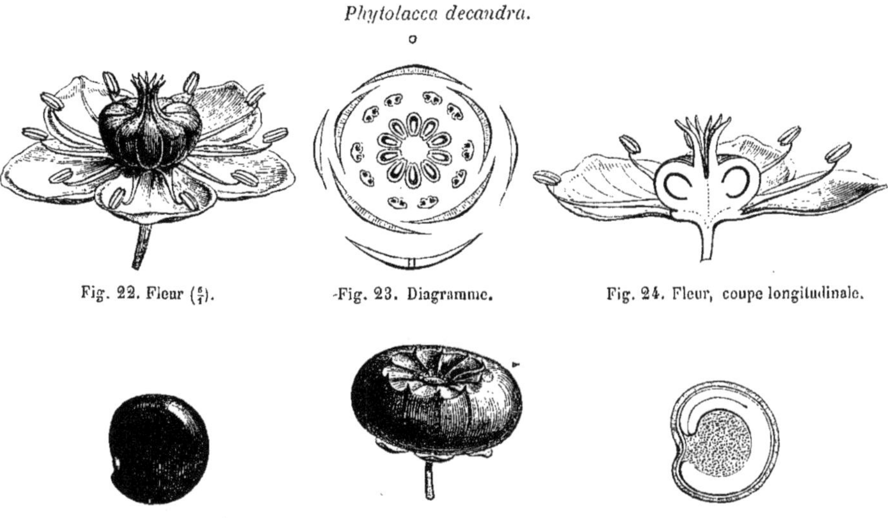

Fig. 22. Fleur ($\frac{5}{1}$). -Fig. 23. Diagramme. Fig. 24. Fleur, coupe longitudinale.

Fig. 26. Graine ($\frac{4}{1}$). Fig. 25. Fruit ($\frac{3}{4}$). Fig. 27. Graine, coupe longitudinale.

obovale, biloculaire, introrse, déhiscente par deux fentes longitudinales [2]. Ces étamines sont hypogynes, disposées sur un seul verticille, et répondent par paires aux intervalles des sépales (fig. 23). Le gynécée est libre, supère; il se compose dans la plupart des fleurs de dix carpelles, dont cinq sont superposés aux sépales, et cinq alternes. Ils sont unis dans leur portion inférieure et libres supérieurement dans une étendue qui varie non-seulement avec l'âge [3] de la fleur, mais encore d'une fleur à l'autre sur un seul et même pied. Leur nombre est rarement moindre, et quelquefois plus considérable dans les plantes que l'on cultive dans nos jardins. Chacun d'eux se compose d'un ovaire uniloculaire, surmonté d'un style indépendant, dont l'extrémité, un peu atténuée et recourbée en dehors, est chargée de papilles stig-

— NEES, *Fl. germ.*, fasc. VIII, t. 2. — ENDL., *Gen.*, n. 5262.—PAYER, *Organog.*, 303, t. 63. — MOQ., in *DC. Prodr.*, XIII, sect. II, 31, n. 13. — LEM. et DCNE, *Tr. gén.*, 455. — *Phytolaca* RAFIN., *Fl. tell.*, n. 627. — *Sarcoca* RAFIN., *loc. cit.*, n. 628. — *Pircunia* MOQ., *Prodr.*, 29 (nec BERTER.).

1. L., *Spec.*, 631.—TURP., in *Dict. sc. nat.*, atl., t. 20. — RÉV., in *Bot. méd. du* XIXe *siècle*, III, t. 5.— *Bot. Mag.*, t. 931.— *P. vulgaris*.... DILL., *Elth.*, II, 318, t. 239, f. 309. (*Raisin d'Amérique, du Canada, des teinturiers, Epinard doux, Méchoacan du Canada, Herbe à la laque, Grande Morelle des Indes.*)

2. Le pollen est, d'après M. H. MOHL (in *Ann. sc. nat.*, sér. 2, III, 331), « ovoïde ou sphérique; trois sillons; dans l'eau, sphère avec trois bandes étroites. *P. abyssinica*, *P. scandens.* »

3. D'abord dans presque toute leur hauteur ;

matiques. Dans l'angle interne de chaque ovaire, et tout près de sa base, se trouve un placenta qui donne insertion à un seul ovule, ascendant, campylotrope, avec le micropyle dirigé en bas et en dehors [1]. Dans le fruit, qu'accompagne à sa base le périanthe persistant[2], et qui est entièrement charnu, pulpeux, les carpelles sont peu distincts, si ce n'est tout à fait près du sommet. Chacun d'eux renferme une seule graine qui, sous ses téguments épais, contient un albumen farineux qu'entoure un embryon arqué, presque annulaire, à cotylédons aplatis, appliqués l'un contre l'autre par leur face interne, et à radicule conique, dirigée en bas (fig. 27). Le *P. decandra* est une herbe vivace, qui se trouve dans la plupart des régions tempérées du globe. Sa racine est épaisse, pivotante (fig. 28). Ses tiges sont creuses, chargées de feuilles alternes, simples, pétiolées, sans stipules. Ses fleurs sont disposées en grappes oppositifoliées; et chacune d'elles, placée dans l'aisselle d'une bractée, est accompagnée de deux bractéoles latérales stériles, élevées à une hauteur variable sur le pédicelle.

Dans d'autres espèces du genre *Phytolacca*, le nombre des étamines peut être inférieur à dix, parce que deux, trois, ou même cinq sépales n'ont devant eux qu'une étamine, au lieu d'une paire. Dans d'autres, ce nombre s'élève jusqu'à quinze, vingt ou vingt-cinq, parce qu'en dedans des cinq groupes d'étamines alternisépales, il y en a cinq autres, alternes avec eux, et formés chacun d'une, deux ou trois pièces [3]. Dans certaines espèces, dont on a fait le genre *Pircunia*, les carpelles demeurent, même dans le fruit, libres dans toute leur étendue, ou à peu près, et leur consistance est moins charnue. Leur nombre peut s'élever jusqu'à douze ou quinze, parce que quelques-uns d'entre eux se dédoublent comme les étamines. Quelques espèces sont frutescentes, ou même arborescentes, quelquefois même grimpantes; et l'une d'elles, qui est un assez grand arbre, a des fleurs dioïques [4].

Ainsi conçu [5], le genre *Phytolacca* renferme une douzaine d'es-

puis ils sont comme soulevés par une portion basilaire commune. Même dans le fruit vert, alors qu'ils sont unis dans une grande étendue, on distingue encore dix sillons profonds qui les séparent les uns des autres, et ces sillons ont disparu dans presque toute la hauteur du fruit mûr, qui est lisse et continu à la surface (fig. 25).

1. Il a deux téguments.

2. Vert d'abord, il a pris graduellement une teinte rougeâtre.

3. PAYER, *Organog.*, 304.

4. *P. dioica* L., *Spec.*, 632, n. 4. — *Pircunia dioica* MOQ., *Prodr.*, 30, n. 5.

5. PHYTOLACCA :

Sect. 4.
1. *Euphytolacca* (MOQ.). Fruit unique, globuleux-déprimé, costé. Herbes à grappes dressées.
2. *Omalopsis* (MOQ.). Fruit unique, non costé. Grappes pendantes au sommet.
3. *Pircuniastrum* (MOQ.). Fruit à carpelles libres. Grappes dressées ou pendantes.
4. *Pseudolacca* (MOQ.). Fleurs dioïques. Carpelles libres, sauf à la base. Grappes pendantes.

pèces[1] qui habitent les régions chaudes et tempérées de l'Afrique, de l'Asie, de l'Océanie et de l'Amérique.

Les fleurs des *Ercilla*[2] sont fort analogues à celles de certains *Phytolacca*[3]. Leur réceptacle a la forme d'une petite coupe, dont les bords sont à peine redressés, tandis que son centre se relève en un cône qui porte le gynécée. Le périanthe, inséré sur les bords, est formé de cinq sépales, inégaux et colorés, disposés dans le bouton en préfloraison quinconciale. Les étamines ont la même insertion, formées chacune d'un filet libre et d'une anthère biloculaire, introrse, déhiscente par deux fentes longitudinales. Leur nombre varie, dans l'*E. volubilis*, de huit à onze. Il y en a cinq, qui, alternant avec les sépales, constituent un verticille extérieur[4]. Un second verticille est formé de trois étamines plus intérieures, superposées aux sépales 3, 4 et 5, sans qu'il y en ait en face des sépales 1, 2; et lorsqu'il y a de quatre à six pièces au verticille intérieur, c'est qu'une, deux ou trois de ses étamines sont remplacées par une paire de ces organes. Le gynécée se compose de cinq carpelles, superposés aux sépales; chacun d'eux est formé d'un ovaire uniloculaire, inséré sur la portion relevée du réceptacle et atténué supérieurement en un style dont l'angle interne est parcouru par un sillon longitudinal, descendant jusqu'en bas de l'ovaire, et dont les lèvres, épaissies et réfléchies, se recouvrent dans toute leur étendue de papilles stigmatiques. Le nombre des carpelles n'est pas toujours de cinq[5]. Dans chaque ovaire, il y a, dans l'angle interne, tout près de la base, un placenta qui supporte un seul ovule, ascendant, anatrope, avec le micropyle dirigé en bas et en dehors, et le hile gonflé de bonne heure en un bourrelet annulaire. Le fruit, accompagné à sa base du calice demeuré membraneux, est formé de plusieurs carpelles, d'abord légèrement charnus, puis desséchés, qui renferment chacun une graine, tout à fait analogue à celle des *Phytolacca*. Les *Ercilla* sont des plantes herbacées, vivaces, grimpantes. Leurs feuilles sont alternes, simples, sans stipules[6].

1. KÆMPF., *Amœn.*, 828 (*Jamma Gobo*). — MŒNCH, *Meth.*, Suppl., 107. — H. B. K., *Nov. gen. et spec.*, II, 183. — SPRENG., *Syst.*, II, 467, n. 5 (*Glinus*). — FORSK., *Fl. æg.-arab.*, 58, n. 95 (*Pharnaceum*). — SWEET, *Hort. brit.*, ed. 3, 571. — WALL., *Cat.*, n. 6959 (*Rivina*). — HOFFM., in *Comm. gœtt.*, XII, 27, t. 3. — LHÉR., *Stirp.*, I, 143, t. 69; 145, t. 70. — RÉM., in *C. Gay Fl. chil.*, V, 257 (*Pircunia*), 259.

2. A. JUSS., in *Ann. sc. nat.*, sér. 1, XXV, 11, t. 3. — DON, in *Edinb. new phil. Journ.*, XIII, 237. — MOQ., *Prodr.*, 34. — *Ercilia* ENDL., *Gen.*, n. 5263. — *Bridgesia* HOOK. et ARN., in *Bot. Misc.*, III, 168, t. 102. — *Galvezia* BERTER., mss. (ex MOQ.).

3. Dont on pourrait peut-être avec raison n'en faire qu'une section.

4. Exceptionnellement, ces cinq étamines peuvent être les seules qui subsistent.

5. Un ou plusieurs carpelles peuvent être, en effet, remplacés par une paire, tant il y a dans ces plantes tendance aux dédoublements.

6. Dans leur aisselle se voit un bourgeon au-

eurs fleurs sont disposées en épis axillaires ; et chacune d'elles, placée ans l'aisselle d'une bractée, est accompagnée de deux bractéoles atérales stériles. Ce genre ne renferme probablement qu'une seule espèce, chilienne et péruvienne, l'*E. volubilis*[1], qu'on cultive assez souvent dans nos serres.

Les *Anisomeria*[2] représentent la forme irrégulière des *Phytolacca*[3] et des *Ercilla ;* car leur calice quinaire et leurs étamines, au nombre de dix à trente, sont plus développés du côté postérieur que du côté antérieur de la fleur; et leurs carpelles, au nombre de trois à six, deviennent des achaines plus ou moins vésiculeux, dont la graine est celle des *Phytolacca*. Ce sont des plantes frutescentes ou herbacées, originaires du Chili, à racine pivotante, à tiges dressées, à feuilles entières, à fleurs disposées en grappes ou en épis terminaux. On en décrit deux espèces[4].

Les *Giseckia*[5] (fig. 29, 30) peuvent être pris, dans cette série, comme type d'une sous-série distincte. Ils ont les fleurs petites, hermaphrodites ou polygames, et pentamères. Leurs cinq sépales, membraneux sur les bords, sont imbriqués en quinconce dans le bouton. Ils recouvrent un androcée de cinq étamines alternes aux sépales, ou de dix étamines, dont cinq superposées, ou même de quinze étamines, certaines d'entre elles étant remplacées par une paire. Toutes ont un filet libre, uni à sa base, dans une faible étendue, avec les filets voisins, et une anthère biloculaire, introrse, à déhiscence presque latérale. Le gynécée se compose de cinq carpelles, libres, superposés aux sépales, formés chacun d'un ovaire uniloculaire, contenant un ovule presque basilaire, ascendant, avec le micropyle inférieur et extérieur, et surmonté, dans l'angle interne, d'un style court, stigmatifère en haut et

Giseckia pharnaceoides.

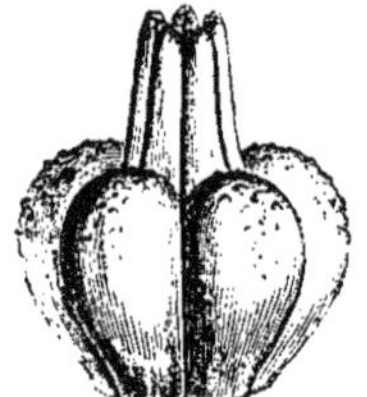

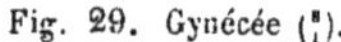

Fig. 29. Gynécée (*).

Fig. 30. Gynécée, coupe longitudinale.

dessus duquel se développe une racine adventive, couverte de poils dans sa jeunesse.

1. A. Juss., *loc. cit.* — Rém., in *C. Gay Fl. chil.*, V, 261. — *E. spicata* Moq. — *Suriana volubilis* Domb. — *Galvezia spicata* Berter.

2. Don, in *Edinb. new phil. Journ.*, XIII (1832), 238. — Moq., *Prodr.*, 25.

3. Dont on pourrait, à la rigueur, ne les séparer qu'à titre de sous-genre.

4. Poepp. et Endl., *Nov. gen. et spec.*, 26, t. 43-45. — Rém., in *C. Gay Fl. chil.*, V, 254.

5. L., *Mantiss.*, n. 1340. — J., *Gen.*, 315. — Moq., *Prodr.*, 26. — B. H., *Gen.*, 859, n. 20. — *Giesekia* Endl., *Gen.*, n. 5261. — *Kœlreutera* Murr., in *Nov. Comm. gœtt.*, III, t. 2, fig. 1 (nec Laxm.). — *Miltus* Lour., *Fl. cochinch.*, ed. 1 (1790), 302. — DC., *Prodr.*, III, 454 (*Ficoideæ*).

en dedans. Le fruit est formé de cinq achaines membraneux, dont la graine réniforme renferme sous ses téguments [1] un embryon annulaire, entourant un albumen farineux. Les *Giseckia* sont de petites herbes, souvent annuelles, à rameaux ordinairement étalés, chargés de feuilles opposées ou disposées en faux-verticilles [2], sans stipules. Leurs petites fleurs sont réunies dans l'aisselle des feuilles, en cymes ou en glomérules, parfois capituliformes. On en connaît quatre ou cinq espèces [3], qui habitent l'Asie et l'Afrique tropicales.

Limeum africanum.

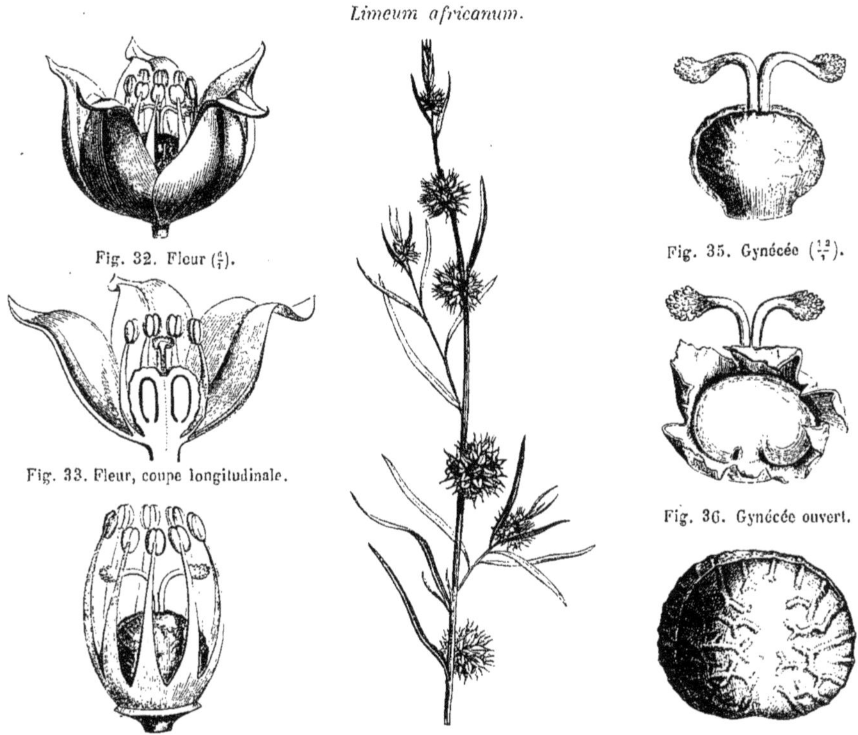

Fig. 32. Fleur ($\frac{6}{1}$).

Fig. 33. Fleur, coupe longitudinale.

Fig. 34. Fleur, sans le périanthe.

Fig. 31. Rameau florifère.

Fig. 35. Gynécée ($\frac{12}{1}$).

Fig. 36. Gynécée ouvert.

Fig. 37. Fruit complet ($\frac{4}{1}$).

A côté des *Giseckia* se placent les *Limeum* [4] (fig. 31-40). Ils ont des fleurs hermaphrodites ou polygames. Leur réceptacle est légèrement

1. Le testa est noir, finement granulé ou presque lisse.

2. Elles sont, comme le calice, criblées de petits cystolithes blanchâtres.

3. ROXB., *Pl. corom.*, t. 183. — WIGHT, *Icon.*, t. 1167, 1168. — FORSK., *Fl. æg.-arab.*, 58, n. 95 (*Pharnaceum*). — HOCHST., in *Kotsch. It. nub.*, n. 2. — ROEUSCH, *Nomencl.*, 141 (*Miltus*).

4. L., *Gen.*, n. 463. — J., *Gen.*, 314. — LAMK, *Dict.*, III, 514 ; Suppl., III, 435 ; *Ill.*, t. 275. — GÆRTN., *Fruct.*, I, 367, t. 76. — ENDL., *Gen.*, n. 5258. — MOQ., *Prodr.*, 20. — B. H., *Gen.*, 859, n. 22. — *Linscotia* ADANS., *Fam. des pl.*, II, 269. — *Dicarpæa* PRESL, *Symb.*, I, 37, t. 26. — *Gaudinia* J. GAY, in *Bull. Féruss.*, XVIII, 442. — *Acanthocarpæa* KL., in *Pet. Mossamb.*, *Bot.*, 137, t. 24.

convexe et supporte d'abord un calice de cinq[1] sépales, membraneux sur les bords, disposés dans le bouton en préfloraison quinconciale. Avec eux alternent cinq, quatre ou trois pétales (?), de taille et de forme variables, qui peuvent même manquer tout à fait (fig. 32, 33). Les étamines varient en nombre, de cinq à sept, huit ou dix. Dans le premier cas, elles sont superposées aux sépales. Dans les autres cas, deux ou plusieurs d'entre elles sont remplacées par une paire[2]. Chacune se

Limeum africanum.

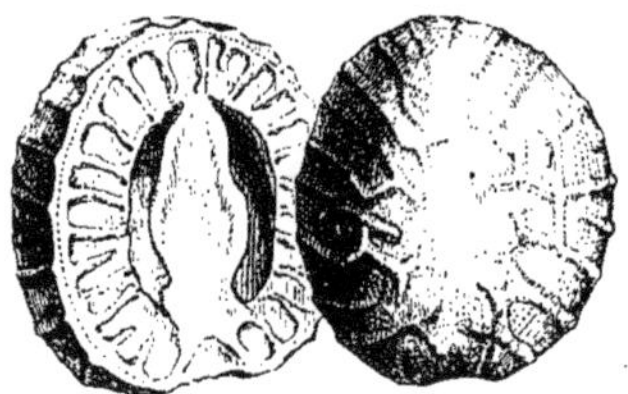

Fig. 38. Fruit, les deux coques séparées.

Fig. 39. Graine ($\frac{1}{1}$).

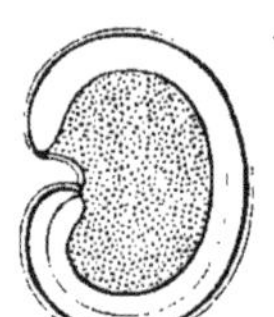

Fig. 40. Graine, coupe longitudinale.

compose d'un filet, uni aux filets voisins dans une faible étendue, et d'une anthère biloculaire, introrse, déhiscente par deux fentes longitudinales. Le gynécée est formé de deux carpelles, dont l'ovaire aplati est appliqué contre l'ovaire voisin, uniloculaire et uniovulé. L'ovule est presque dressé, supporté par un court funicule ; campylotrope, avec le micropyle tourné en bas et sur un des côtés. Deux styles, dilatés et stigmatifères à leur sommet, surmontent les ovaires. Le fruit, accompagné à sa base du calice persistant, se compose de deux achaines orbiculaires, comprimés, lisses ou rugueux, se touchant en dedans par une surface plane, mais se séparant aisément l'un de l'autre. Leur péricarpe épais, solide, creusé de vacuoles, plus mince en dedans où il est fenêtré (fig. 37, 38), renferme une graine verticale (fig. 39, 40) ; ses téguments membraneux recouvrent un embryon annulaire, dont la radicule est inférieure, et qui enveloppe un albumen farineux. Les *Limeum* sont des herbes annuelles ou vivaces, de l'Asie et de l'Afrique tropicales. Leurs feuilles sont alternes, étroites, simples, entières ou ciliées, sans stipules. Leurs petites fleurs sont disposées en cymes axillaires ou subterminales, parfois réunies en grappes terminales de cymes, quand des

1. Il y a çà et là des fleurs tétramères.

2. Ainsi, quand il y a sept étamines, c'est que les deux étamines superposées aux sépales les plus extérieurs se sont dédoublées.

bractées remplacent les feuilles ordinaires vers le sommet des rameaux. On en décrit une dizaine d'espèces [1].

Avec les organes de végétation et la même organisation florale, les *Semonvillea* [2], dont on connaît une espèce du Cap et une autre de l'Afrique tropicale occidentale, ont été pris pour type d'un genre particulier, parce que le bord de leurs achaines se dilate en une aile orbiculaire qui les transforme en samares; nous n'en ferons qu'une section du genre *Limeum*.

II. SÉRIE DES BARBEUIA.

Les *Barbeuia* [3] (fig. 41-43) ont les fleurs régulières, hermaphrodites et apétales. Sur leur réceptacle légèrement convexe s'insèrent cinq sépales, un peu inégaux comme taille et comme épaisseur, et disposés

Barbeuia madagascariensis.

Fig. 41. Fleur (4/1).

Fig. 43. Gynécée ouvert (4/1).

dans le bouton en préfloraison quinconciale. Plus intérieurement, sur un anneau légèrement saillant du réceptacle, s'insèrent un nombre indéfini d'étamines, formées chacune d'un filet libre et d'une anthère biloculaire [4], introrse, sagittée, déhiscente par deux fentes longitudinales. Le gynécée, libre et supère, est formé d'un ovaire biloculaire [5],

1. FENZL, in *Ann. Wien. Mus.*, I, 341. — HARV. et SOND., *Fl. cap.*, I. 152.
2. J. GAY, in *Bull. Féruss.*, XVIII, 412. — ENDL., *Gen.*, n. 5259. — FENZL, in *Dec. Mus. vindob.*, n. 48. — MOQ., *Prodr.*, XIII, p. II, 19. — HOOK., *Icon.*, t. 587. — B. H., *Gen.*, 859, n. 21.
3. DUP.-TH., *Gen. nov. madag.*, 6.— ENDL., *Gen.*, n. 6843. — H. BN, in *Adansonia*, III, 312, t. 6.
4. Ses loges sont indépendantes à leurs deux extrémités.
5. La cloison de séparation des loges, descendant du sommet de l'ovaire jusqu'à sa base, n'adhère pas en ce dernier point à la paroi ovarienne.

surmonté d'un style, presque aussitôt partagé en deux branches allongées, épaisses, garnies en dedans et sur les bords réfléchis de papilles stigmatiques. Dans chacune des loges ovariennes, il y a un placenta, basilaire ou à peu près, qui supporte un ovule campylotrope. Le micropyle est inférieur et latéral, comme dans les *Limeum*, tourné de telle façon que celui d'une loge étant placé du côté droit, celui de l'autre est au contraire tourné à gauche. Le fruit est, d'après DUPETIT-THOUARS, capsulaire et biloculaire, chaque loge contenant une graine arillée. La seule espèce connue de ce genre [1] est un arbuste de Madagascar, grêle et grimpant, avec des feuilles [2] alternes, entières, pétiolées, articulées à leur base. Ses fleurs sont disposées en courtes grappes axillaires dont l'axe est comprimé; chacune d'elles a un pédicelle assez long, qui se renfle vers sa partie supérieure. On voit par là qu'avec les organes de végétation des *Seguieria*, etc., le *Barbeuia* a le gynécée des *Limeum*, mais avec deux loges ovariennes unies et rapprochées à tout âge.

Barbeuia madagascariensis.

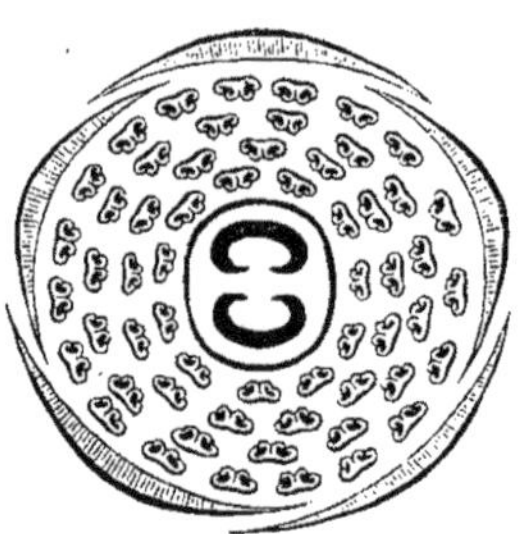

Fig. 42. Diagramme.

III. SÉRIE DES AGDESTIS.

Les fleurs des *Agdestis* [3] (fig. 44) sont hermaphrodites, régulières, tétramères, avec un réceptacle concave, obconique, dans lequel est enchâssé l'ovaire, tandis que sur ses bords s'insèrent épigyniquement quatre sépales, imbriqués-décussés dans le bouton, réfléchis après l'anthèse. En dedans du calice se trouvent un nombre indéfini d'étamines, formées chacune d'un filet grêle et d'une anthère, légèrement introrse, à deux loges allongées, atténuées et libres vers leurs deux extrémités. L'ovaire infère est à quatre loges, superposées aux sépales, et dans chacune d'elles se voit, vers la base, un ovule ascendant, à micropyle dirigé en dehors et en bas. L'ovaire est surmonté d'un style, conique à sa base, puis cylindrique, dressé, et partagé supérieurement en quatre branches récurvées, stigmatifères en dedans. Le fruit est jusqu'ici inconnu. La seule espèce de ce genre, qui représente,

1. *B. madagascariensis* STEUD., *Nom.*, 101.

2. Elles noircissent par la dessiccation et ont « une odeur désagréable ».

3. MOÇ. et SESS., *Fl. mex. ined.* (ex DC., *Syst.*, I, 543 ; *Prodr.*, I, 103). — ENDL., *Gen.*, n. 4684. — B. H., *Gen.*, 33.

comme on le voit, une Phytolaccacée à fleurs tétramères, à ovaire infère et à carpelles, par conséquent, tous réunis, est l'*A. clematidea* Moç. et Sess., arbuste grimpant du Mexique, qui a le port de certaines autres Phytolaccacées sarmenteuses, telles que les *Seguieria*, et surtout les *Ledenbergia*. Cette plante n'a, par conséquent, aucun des caractères ordinaires, dans ses organes de végétation, des Dilléniacées grimpantes dont on l'avait à tort rapprochée, à une époque où l'organisation de ses fleurs était très-incomplétement connue. Ses rameaux, glabres et grêles, sont chargés de feuilles alternes, simples, pétiolées, et de fleurs réunies, dans l'aisselle des feuilles, ou au sommet des rameaux, en grappes plus ou moins ramifiées de cymes. Chaque pédicelle, grêle, comme les divers axes de l'inflorescence, porte sous la fleur deux bractéoles latérales.

Agdestis clematidea.

Fig. 44. Fleur, coupe longitudinale (4/1).

IV. SÉRIE DES RIVINA.

Les *Rivina*[1] (fig. 45-50) ont les fleurs régulières et hermaphrodites. Sur leur réceptacle convexe s'insère un calice de quatre sépales plus ou moins pétaloïdes, dont un antérieur, un postérieur et deux latéraux ; ils s'imbriquent dans le bouton d'une façon variable[2]. Plus intérieurement se trouve l'androcée. Dans certaines espèces, telles que les *R. humilis*, *lævis*, *orientalis*, etc.[3], il est formé seulement de quatre étamines, alternes avec les sépales. Dans d'autres espèces, il en compte huit, comme dans le *R. octandra*, et même jusqu'à dix ou douze, comme dans le *R. peruviana*[4]. Chacune se compose d'un filet, libre ou à peine uni à sa base avec les filets voisins, et d'une anthère[5] biloculaire, introrse,

1. Plum., *Gen.*, 47, t. 39, 3. — Gærtn., *Fruct.*, I, 375, t. 77, fig. 5. — Lamk, *Dict.*, VI, 213; *Ill.*, t. 81. — Endl., *Gen.*, n. 5257. — Payer, *Organog.*, 301, t. 62. — Moq., *Prodr.*, XIII, sect. II, 10. — *Solanoides* T., in *Act. par.* (1706), 87, ic. 7. — *Rivinia* L., *Gen.*, n. 162. — J., *Gen.*, 84. — *Piercea* Mill., *Dict.*, VI, 310. — Rafin., *Fl. tell.*, n. 631. — *Villamilla* R. et Pav., mss. (ex Moq.).

2. Tantôt les deux latéraux sont recouverts, et tantôt l'antérieur recouvre les latéraux, qui enveloppent le postérieur.

3. Sect. *Piercea* (Moq., *Prodr.*, 11).

4. Ces deux espèces, qui se distinguent d'ailleurs par un style court, un stigmate pénicillé et des tiges grimpantes, forment la section *Villamilla* (Moq., *Prodr.*, 10).

5. Le pollen est « transparent, sphérique, divisé par des bandes linéaires à la manière d'un

déhiscente par deux fentes longitudinales. Le gynécée est supère [1]; il est formé d'un ovaire uniloculaire, surmonté d'un style, qui s'insère excentriquement, vers le bord postérieur de l'ovaire, et qui est parcouru dans sa longueur par un sillon vertical prolongé jusque dans la tête stigmatifère du style. Dans la loge ovarienne, il y a un placenta

Rivina humilis.

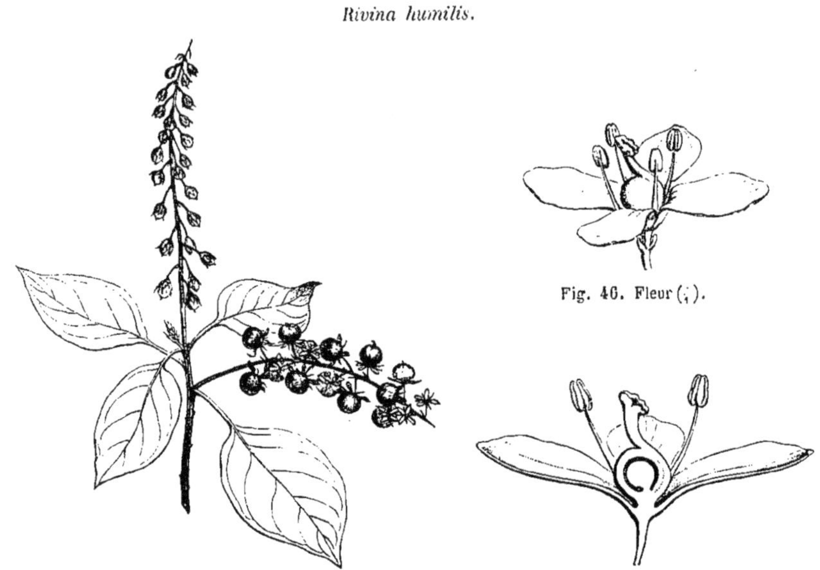

Fig. 46. Fleur (¹/₁).

Fig. 45. Rameau florifère et fructifère.

Fig. 48. Fleur, coupe longitudinale (⁴/₁).

presque basilaire, qui supporte un seul ovule, ascendant, campylotrope. à micropyle tourné en bas et du côté antérieur de la fleur [2]. A l'ovaire succède un fruit qu'accompagnent à sa base le périanthe verdi et les filets staminaux réfléchis, et que surmonte un vestige du style flétri. Le péricarpe est mince, entièrement charnu; il contient une graine sessile qui, sous ses téguments [3], munis d'un très-petit arille [4], renferme un embryon annulaire, dont les cotylédons sont inégaux, s'enveloppant l'un l'autre [5], et qui entoure un albumen farineux [6] central. Les

dodécaèdre pentagonal, dans les *R. brasiliensis*, *humilis* » (H. MOHL, in *Ann. sc. nat.*, sér. 2, III, 330).

1. Il n'a qu'une feuille carpellaire antérieure.

2. Il a deux enveloppes.

3. Ceux du *R. humilis* sont : un épiderme à longues papilles aiguës, ou poils celluleux, qui existaient déjà sur la primine, simples ou partagés vers leur sommet en deux ou trois branches; une enveloppe testacée, lisse, noire, cassante; une membrane mince, blanchâtre, directement appliquée sur l'embryon.

4. C'est un petit épaississement, blanchâtre et charnu, qui entoure la région ombilicale (laquelle forme à son centre une petite dépression) et qui, dans le *R. humilis*, devient légèrement réniforme, son bord concave regardant le micropyle.

5. Repliés deux fois sur eux-mêmes dans la plupart des espèces.

6. Granuleux dans le *R. humilis*.

Rivina sont des plantes suffrutescentes, originaires de l'Amérique chaude et tempérée [1]; on en distingue sept ou huit espèces [2]. Leur tige est dressée, ou rarement grimpante, avec des feuilles alternes, pétiolées,

Rivina humilis.

Fig. 49. Graine (5/1).

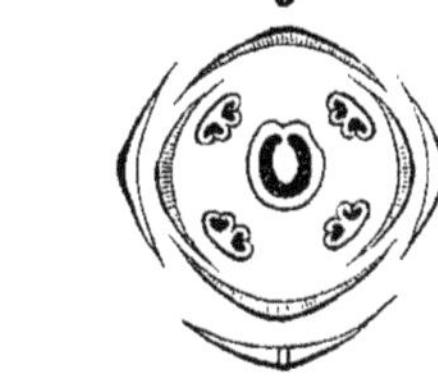

Fig. 47. Diagramme.

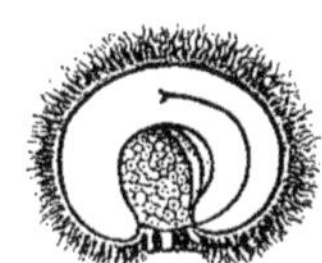

Fig. 50. Graine, coupe longitudinale.

simples, sans stipules [3]. Leurs fleurs sont réunies en grappes terminales qui, par suite « d'usurpation » des rameaux axillaires, paraissent latérales ou oppositifoliées. Chacune d'elles occupe l'aisselle d'une bractée, et elle est accompagnée de deux bractéoles latérales, soulevées parfois jusqu'au calice.

A côté des *Rivina* se placent les *Mohlana* et les *Ledenbergia*, qui ont le même gynécée et un fruit analogue, avec un péricarpe plus ou moins coriace. Mais les *Mohlana* [4], plantes des deux mondes, dont on connaît quatre espèces [5], ont quatre étamines et un périanthe irrégulier, dont la foliole antérieure est à peu près libre, tandis que les trois autres sont unies en une sorte de lèvre postérieure [6]. Quant au genre *Ledenbergia* [7], dont une espèce américaine [8], suffrutescente et grimpante, est le seul représentant, il a des étamines nombreuses, et un calice tétramère régulier ; mais ses pièces s'accroissent et s'étalent autour du fruit en une large induvie, rotacée, tétraphylle, desséchée et réticulée.

Les *Petiveria* [9] (fig. 51, 52) ont aussi les fleurs tétramères, apétales

1. « An in India or. indig.? » (Moq.).

2. L., *Spec.*, 177; *Mantiss.*, 41. — Mill., *Dict.*, V, 611 (*Piercea*). — Nocc., in *Uster. Ann.*, VI, 63. — Schrad., *Gen. ill.*, 17, t. 5. — H. B. K., *Nov. gen. et spec.*, II, 183. — *Bot. Mag.*, t. 1781.

3. Ou peu développées.

4. Mart., *Nov. gen. et spec. bras.*, III, 170. — Endl., *Gen.*, n. 5256.— Moq., *Prodr.*, XIII, sect. II, 15. — *Hilleria* Velloz., *Fl. flum.*, I, t. 122. — *Mancoa* Rafin., *Fl. tell.*, n. 632 (nec Wedd.).

5. Ruiz et Pav., *Fl. per.*, I, 65, t. 102 (*Rivina*). — Poir., *Dict.*, VI, 215, n. 5 (*Rivina*). — Schum. et Thönn., *Beskr.*, 84, n. 1. — Hook., *Ic.*, t. 130 (*Rivina*).

6. On les a divisés en deux sections, suivant que leur fruit est sec, ou à peine charnu, nervé-réticulé, marginulé (*Hilleria*), ou plus ou moins charnu, sans réseau de nervures et sans bordure (*Mohlanella*).

7. Kl., in *herb. Karst.* (ex Moq., *Prodr.*, XIII, sect. II, 14).

8. *L. seguierioides* Kl. — *Rivina seguierioides* Kl., ol. Trouvé aux Antilles et dans les régions voisines de la terre ferme.

9. Plum., *Gen.*, 50, t. 39. — L., *Gen.*, n. 459; in *Act. holm.* (1744), 287, t. 7. — J., *Gen.*, 84. — Gærtn., *Fruct.*, I, 364, t. 75, fig. 2. — Lamk, *Dict.*, V, 223; *Ill.*, t. 272, 1. — Endl., *Gen.*, n. 5255. — Payer, *Organog.*, 302, t. 62. — Moq., *Prodr.*, 8.

et hermaphrodites. Mais leur réceptacle est concave ; et leurs sépales, imbriqués, insérés sur ses bords, sont placés, deux en avant et deux en arrière. Les étamines, périgynes comme les sépales, alternent avec eux quand leur nombre est le même ; mais il peut y en avoir, en outre, de une à quatre qui leur sont superposées. Toutes sont composées d'un filet subulé et d'une anthère à deux loges presque latérales, indépendantes l'une de l'autre vers les deux extrémités et déhiscentes, vers les bords, ou un peu en dehors, par des fentes longitudinales. Le gynécée s'insère au fond du réceptacle, dans la concavité duquel il est en partie logé ; il se compose d'un ovaire uniloculaire, dont le style, excentrique, court, tend à devenir gynobasique, et se couronne d'un sommet stigmatifère pénicillé. Dans son intérieur est un seul ovule, presque basilaire et dressé, amphitrope, à micropyle tourné en bas et du côté du dos du carpelle [1]. Le fruit est un achaine insymétrique, étroit et allongé, qu'accompagnent à sa base le périanthe dressé et les filets persistants des étamines, et sur le côté duquel on retrouve les restes du style [2]. Il est surmonté de quatre à six aiguillons, insérés dans sa portion supérieure, et qui existaient sur l'ovaire, où ils étaient ascendants, tandis qu'ici ils se sont, en durcissant, réfléchis sur le péricarpe. La graine est presque dressée, étroite, repliée sur elle-même vers le milieu de sa longueur, de même que l'embryon [3], dont les cotylédons ont leur sommet ramené vers la radicule qui est infère. Ces cotylédons sont fort inégaux ; celui qui touche à la radicule étant plus long et plus étroit et ayant ses bords réfléchis, tandis que l'autre, par lequel il est enveloppé, et dont les bords sont infléchis, est beaucoup plus

Petiveria alliacea.

Fig. 51. Rameau florifère ($\frac{1}{4}$).

Petiveria alliacea.

Fig. 52. Fleur ($\frac{3}{1}$).

1. Il a deux enveloppes, et son endostome forme un long goulot qui pénètre au travers de l'exostome jusqu'au dehors, et présente un étroit pertuis à son sommet renflé.

2. Sa forme est comparable à celle d'un grain d'avoine ; il porte de même d'un côté un sillon longitudinal médian qui finit en haut par une échancrure ; mais celle-ci ne répond pas au sommet organique du fruit, qui se trouve là où se voit le reste du style.

3. Décrit à tort par MOQUIN (*Prodr.*, XIII, sect. II, 4) comme droit ; il est replié sur lui-même plus étroitement encore que celui des autres plantes du même groupe.

large et plus court. Une petite masse d'albumen accompagne l'embryon, placée vers ses bords et dans l'intervalle de ses deux portions repliées. Les *Petiveria* sont des sous-arbrisseaux de l'Amérique tropicale ; il y en a deux ou trois espèces[1]. Toutes leurs parties ont une odeur alliacée. Leurs feuilles sont alternes, simples, entières, pétiolées, accompagnées de deux petites stipules latérales. Leurs fleurs sont disposées en grappes terminales et axillaires, mais qui semblent d'abord des épis, tant leurs pédicelles sont courts et épais ; ceux-ci sont placés chacun dans l'aisselle d'une bractée et portent à une hauteur variable deux bractéoles stériles.

Le *Monococcus echinophorus*[2] est une plante australienne, dont les organes de végétation, l'inflorescence et l'organisation florale font un type extrêmement voisin des *Petiveria*[3]. Il en diffère en ce que ses fleurs sont polygames (et cela souvent dans une même inflorescence, où l'on trouve les femelles en bas et les mâles au sommet, avec quelques fleurs hermaphrodites entre les deux) ; en ce que ses étamines, dont le sommet s'incline en bas, sont souvent au nombre de dix à douze ; en ce que son fruit, plus large et plus court, a des aiguillons crochus, non-seulement vers son sommet, mais sur toute sa surface, et en grand nombre ; enfin, en ce que son embryon, construit d'ailleurs comme celui des *Petiveria*, mais avec des cotylédons moins dissemblables, est accompagné d'un albumen farineux beaucoup plus abondant.

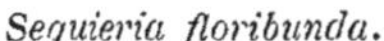
Seguieria floribunda.

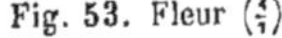
Fig. 53. Fleur ($\frac{4}{1}$).

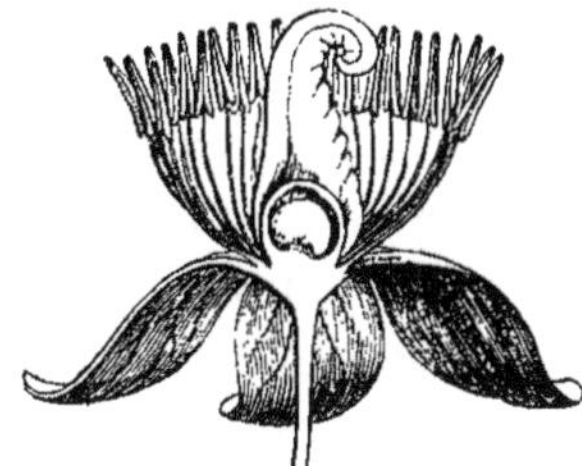
Fig. 54. Fleur, coupe longitudinale.

Fig. 55. Gynécée ($\frac{6}{1}$).

Les *Seguieria*[4] (fig. 53-57) sont analogues aux genres précédents par l'organisation de leur gynécée, réduit aussi à un seul carpelle ; mais leur fruit et leur graine présentent des différences assez nota-

1. GOM., *Obs.* (1803), 13. — FISCH. et MEY., *Ind. sem. Hort. petrop.* (1835), 35.

2. *Fragm. Phyt. Austral.*, I, 47. — BENTH., *Fl. austral.*, V, 144.

3. Dont il pourrait, à la rigueur, constituer simplement une section.

4. LŒFL., *It.*, 191. — L., *Gen.*, n. 676. — ADANS., *Fam. des pl.*, II, 443. — J., *Gen.*,

bles, en même temps que leur androcée est toujours composé d'un grand nombre d'étamines. Leur calice est régulier, formé de cinq, plus rarement de quatre sépales, imbriqués dans le bouton. Leurs étamines sont à peu près hypogynes, formées d'un filet libre et d'une anthère à deux loges latérales, devenant souvent légèrement extrorses, ou même introrses, déhiscentes par des fentes rapprochées des bords. Leur ovaire, libre et uniloculaire, ne renferme qu'un ovule, presque basilaire, campylotrope, avec le micropyle dirigé en bas et presque en avant; il est surmonté d'un style aplati, formant une espèce de lame ou de crête insymétrique, dont un bord est stigmatifère dans une étendue variable, et qui persiste, en grandissant et en durcissant, au sommet du fruit, qui est sec, indéhiscent, et devient par là une samare. Sa portion creuse est couverte de saillies ou d'ailes courtes, très-irrégulières, et contient une graine ascendante qui renferme un gros embryon. Celui-ci a une courte radicule infère et des cotylédons très-développés, foliacés, un grand nombre de fois repliés et chiffonnés. Dans l'intervalle de leurs replis, vers le centre, se voit souvent un très-petit reste d'albumen, mou et comme visqueux. On a séparé génériquement des *Seguieria*, mais nous ne conserverons que comme section de ce genre, une espèce brésilienne, le *Gallesia Gorazema* [1], parce que ses fleurs sont plus souvent à quatre qu'à cinq parties, et à cause de légères différences dans la forme de l'aile qui surmonte son fruit et dans la quantité un peu plus considérable de l'albumen qui persiste entre les replis de son embryon. En joignant cette espèce à celles de la section *Euseguieria*, qui habitent le Brésil, la Guyane et la Colombie [2], on obtient un total d'une dizaine [3] d'arbres ou arbustes, à feuilles alternes, entières, glabres et pétiolées, accompagnées de deux stipules, parfois indurées ou développées en crocs. Les fleurs sont

Seguieria floribunda.

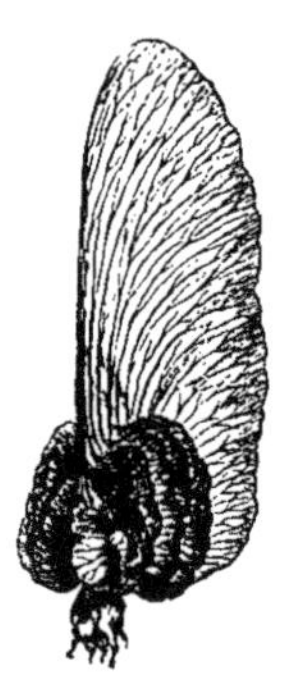

Fig. 56. Fruit.

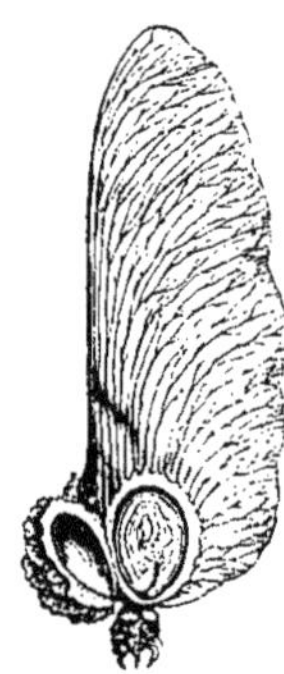

Fig. 57. Fruit ouvert.

440. — ENDL., *Gen.*, n. 5254. — MOQ., *Prodr.*, 6. — *Seguiera* POIR., *Dict.*, VII, 52 ; Suppl., V, 124. — SPRENG., *Syst.*, II, 605.

1. MOQ., *Prodr.*, 8. — *G. scorodendrum* CASAR., *Nov. stirp. bras. Dec.*, V, 43.— ENDL., *Gen.*, n. 5254 [1]. — *Cratæva Gorazema* VELLOZ., *Fl. flum.*, V, t. 4.

2. LOUREIRO a décrit, en outre (*Fl. cochinch.*, 341), sous le nom de *S. asiatica*, une espèce douteuse de ce genre, dont le fruit serait bivalve (?) et surmonté d'une aile multifide, à divisions linéaires (?).

3. BENTH., in *Trans. Linn. Soc.*, XVIII, 234 ; in *Hook. Journ.* (1847), 482 (*Gallesia*).

disposées en grappes ou en épis composés, très-ramifiés ; placées chacune dans l'aisselle d'une bractée, et accompagnées de deux bractéoles latérales.

Dans les *Adenogramma* [1] (fig. 58-62), les fleurs sont hermaphrodites et analogues à celles des genres précédents, car elles ont aussi cinq sépales, imbriqués en quinconce, cinq étamines à anthères introrses, et à filets libres ou unis à leur base dans une faible étendue, et un gy-

Adenogramma galioides.

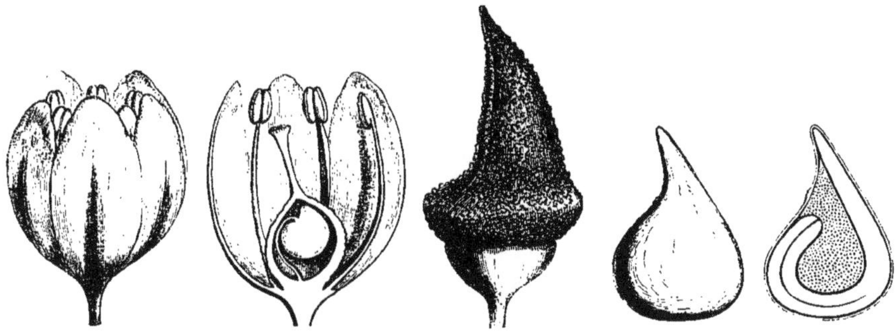

Fig. 58. Fleur ($\frac{10}{1}$). Fig. 59. Fleur, coupe longitudinale. Fig. 60. Fruit ($\frac{10}{1}$). Fig. 61. Graine ($\frac{10}{1}$). Fig. 62. Graine, coupe longitudinale.

nécée libre, qui paraît formé d'une seule feuille carpellaire [2]. Son ovaire uniloculaire est surmonté d'un style, légèrement excentrique, dilaté à son sommet en une petite tête stigmatifère. Le placenta est presque basilaire et porte un ovule campylotrope qui s'insère au sommet d'un funicule grêle. Le fruit, posé sur une dilatation conique du sommet du pédicelle, a la forme d'un cône insymétrique, avec un péricarpe épais, sec, souvent rugueux, indéhiscent ou s'ouvrant selon sa longueur comme un follicule. La graine, plus ou moins courbée, renferme sous ses téguments un albumen charnu qu'entoure en partie un embryon arqué ou recourbé en croc, dont la radicule est supère. Les *Adenogramma*, originaires, au nombre d'une demi-douzaine d'espèces [3], de l'Afrique australe, sont des herbes grêles, rameuses, dont les feuilles sont rapprochées en faux-verticilles, simples et ordinairement étroites, avec des stipules peu développées. Dans leur aisselle ou au sommet des rameaux,

1. REICHB., *Icon. exot.*, II, 3, t. 109. — FENZL, in *Ann. Wien. Mus.*, II, 254. — ENDL., *Gen.*, n. 5195. — B. H., *Gen.*, 144, 156, 858, n. 19. — *Steudelia* PRESL, *Symb.*, I, 3, t. 2.

2. A cause de l'obliquité de l'ovaire et du sillon unilatéral qui s'observe sur le fruit.

3. ECKL. et ZEYH., *Enum. pl. cap.*, 183. — HARV. et SOND., *Fl. cap.*, I, 151.

se trouvent des fleurs, petites et nombreuses, disposées en cymes souvent ombelliformes.

V? SÉRIE DES THELYGONUM.

Le *Thelygonum*[1] (fig. 63-65), qui constitue à lui seul cette petite série, a les fleurs monoïques. Dans les fleurs mâles (fig. 63), un petit réceptacle convexe porte deux sépales valvaires, antérieur et postérieur, et un nombre indéfini[2] d'étamines libres, formées chacune d'un filet

Thelygonum Cynocrambe.

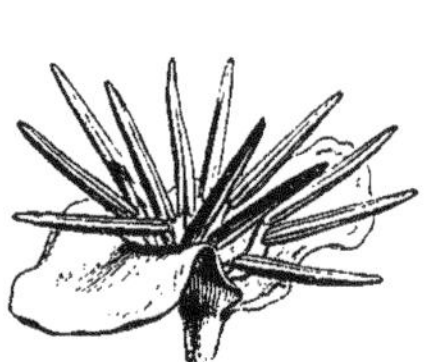

Fig. 63. Fleur mâle ($\frac{4}{1}$).

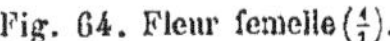
Fig. 64. Fleur femelle ($\frac{4}{1}$).

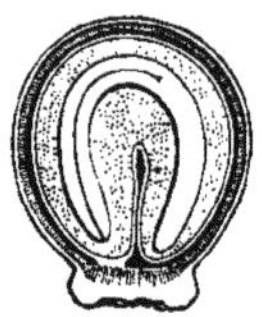
Fig. 65. Fruit, coupe longitudinale ($\frac{4}{1}$).

grêle et d'une anthère allongée, linéaire, versatile, insérée vers le tiers inférieur de son dos sur le sommet du filet; biloculaire, introrse, déhiscente par deux fentes longitudinales, presque latérales. Dans la fleur femelle, il y a un petit périanthe gamophylle, d'abord tubuleux, à orifice supérieur tridenté. Plus tard le développement énorme que prend l'ovaire d'un côté fait que le périanthe dont il est entouré présente de ce côté une grosse gibbosité. Le gynécée est supère, unicarpellé ; il se compose d'un ovaire uniloculaire et d'un style latéral, gynobasique, dressé, renflé en massue vers son extrémité stigmatifère. Dans la loge ovarienne, tout près de la base, se voit un placenta qui supporte un ovule, presque dressé, campylotrope, à micropyle inférieur. Le fruit devient une drupe monosperme, à sarcocarpe mince ; et la graine, campylotrope, renferme sous ses téguments un embryon recourbé, à cotylédons étroits, incombants, avec une radicule cylindro-conique à sommet

1. L., *Gen.*, n. 1068. — J., *Gen.*, 405. — LAMK, *Dict.*, VII, 623; *Ill.*, t. 777. — DEL., in *Ann. sc. nat.*, sér. 1, XIX, 370, t. 13. — NEES, *Gen.*, II, 69. — ENDL., *Gen.*, n. 1888. — LEM. et DCNE, *Tr. gén.*, 506. — *Cynocrambe* T., *Inst.*, Coroll., 52, t. 485. — ADANS., *Fam. des pl.*, II, 497.

2. Il y en a le plus souvent dix à douze, parfois davantage ; leur nombre peut même descendre jusqu'à deux ou trois.

inférieur, qu'enveloppe un albumen charnu plus ou moins abondant. La seule espèce de ce genre, le *T. Cynocrambe* [1], est une petite herbe annuelle, oléracée, qui croît dans la région méditerranéenne. Ses feuilles sont simples, pétiolées, la base élargie du pétiole se dilatant de chaque côté en une sorte de stipule membraneuse, incisée. Les inférieures sont opposées, et les supérieures alternes. Les fleurs occupent leur aisselle, disposées, en petit nombre [2], en glomérules unisexués ; les femelles, accompagnées de petites bractées herbacées.

VI. SÉRIE DES GYROSTEMON.

La première espèce connue du genre *Gyrostemon* [3], le *G. ramulosus* [4] (fig. 66-71), a les fleurs dioïques, régulières, monopérianthées.

Gyrostemon ramulosus.

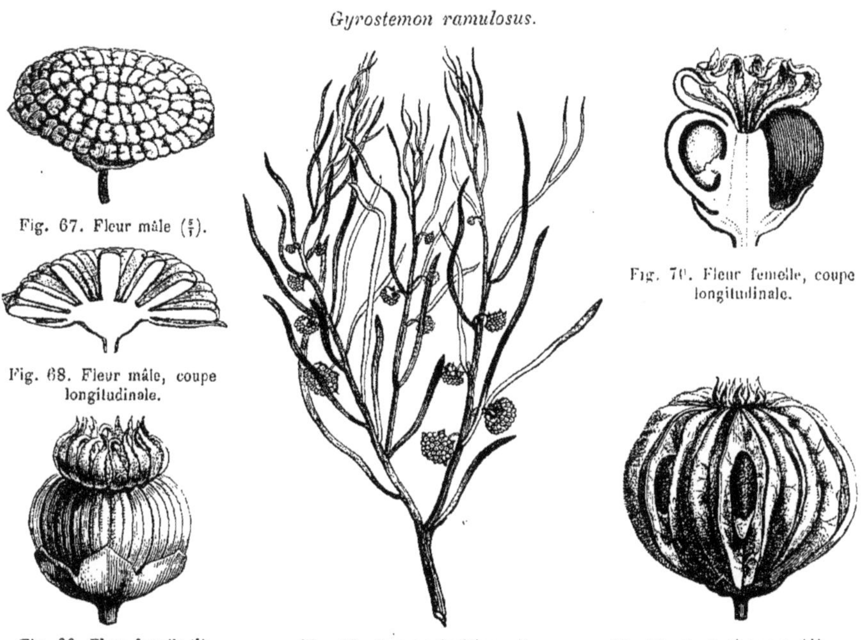

Fig. 67. Fleur mâle (5/1).

Fig. 68. Fleur mâle, coupe longitudinale.

Fig. 69. Fleur femelle (4/1).

Fig. 66. Rameau florifère mâle.

Fig. 70. Fleur femelle, coupe longitudinale.

Fig. 71. Fruit déhiscent (4/1).

Leur réceptacle convexe, en forme de dôme surbaissé, est, dans les

1. L., *Spec.*, 144. — DC., *Fl. fr.*, III, 399. — Gren. et Godr., *Fl. de Fr.*, III, 111.

2. Souvent de une à trois pour les mâles ; les femelles sont souvent ternées, les deux latérales étant plus jeunes que la médiane.

3. Desf., in *Mém. Mus.*, VI, 16, t. 6, 7 ; VIII, 115, t. 10. — Turp., in *Dict. sc. nat.*, *Atl.*, t. 280. — DC., *Prodr.*, I, 516. — Endl., *Gen.*, n. 5264. — Lindl., *Veg. Kingd.*, 282. — Moq., *Prodr.*, 38. — H. Bn, in *Adansonia*, X, 156, t. 5 (incl. : *Codonocarpus* A. Cunn., *Cyclotheca* Moq., *Hymenotheca* F. Muell.).

4. Desf., *loc. cit.*, t. 6, 7, 10, fig. a. — Benth., *Fl. austral.*, V, 147, n. 3.

fleurs mâles (fig. 66-68), tout couvert d'étamines qu'entoure un calice court, gamosépale, découpé sur ses bords en un nombre variable [1] de dents inégales, primitivement imbriquées [2]. Les étamines sont disposées sur plusieurs cercles concentriques; elles sont libres et consistent chacune en une anthère presque sessile, dressée, en forme de coin, surmontée d'un prolongement obtus du connectif. Ses deux loges, adnées, latérales, s'ouvrent sur le côté par deux fentes longitudinales [3]. Dans la fleur femelle (fig. 69, 70), le calice est à peu près le même et entoure la base d'un gynécée supère, formé d'un verticille de vingt à trente carpelles entourant une colonne centrale axile [4]. Chacun d'eux se compose d'un ovaire uniloculaire, atténué supérieurement en un style étroit [5], stigmatifère en haut et en dedans. Dans l'angle interne de l'ovaire, il y a un placenta qui supporte un ovule ascendant, anatrope d'abord, puis pseudo-campylotrope [6], avec le micropyle dirigé en bas et en dehors [7]. Le fruit est presque sphérique, formé d'un grand nombre de follicules qui entourent la columelle centrale, dont ils se détachent plus ou moins tardivement. Chacun d'eux s'ouvre longitudinalement, suivant la ligne médiane de son bord dorsal, pour laisser échapper une graine pseudo-campylotrope, comme l'ovule, pourvue d'un arille charnu qui occupe son extrémité inférieure [8], et qui, sous ses téguments, renferme un embryon arqué, périphérique, à radicule conique, inférieure et dorsale, à cotylédons étroits, accombants. L'embryon entoure un albumen farineux plus ou moins abondant [9]. Le *G. ramulosus* est un arbuste dressé et ramifié, glabre, chargé de feuilles alternes, un peu charnues, linéaires, presque cylindriques, subulées, articulées à leur base et accompagnées de deux petites stipules latérales. Ses fleurs sont axillaires, solitaires, pédonculées, accompagnées de deux bractéoles latérales.

Dans d'autres espèces du même genre, comme le *G. Cyclotheca* [10],

1. Il y en a ordinairement de six à huit.

2. Dans le jeune bouton, les plus étroites sont intérieures et recouvertes en partie par les plus larges.

3. Dans cette plante, comme dans plusieurs autres du genre, les lignes de déhiscence de deux anthères voisines se touchent; et lorsqu'elles s'ouvrent, les masses de pollen qui appartiennent à deux anthères différentes peuvent souvent se coller l'une à l'autre, et se détacher ainsi sous forme d'un corps bilobé.

4. Ici le sommet de cette colonne est à peine proéminent au centre des styles, à l'âge adulte. Quand on examine de jeunes boutons, on voit que le réceptacle a la forme d'un cône épais dont le sommet surpasse tous les jeunes carpelles rangés en cercle autour de sa base.

5. Il est primitivement incurvé en haut, sauf à son extrême sommet, aigu et légèrement réfléchi (fig. 69, 70).

6. Voyez, pour la singulière organisation de cet ovule et de la graine qui lui succédera, *Adansonia*, X, 157.

7. Son extrémité inférieure porte déjà un renflement arillaire (fig. 70).

8. La production arillaire occupe à la fois la région du micropyle et celle du hile; elle s'étend même, dans certaines espèces, jusqu'au pourtour du funicule.

9. Dans certaines espèces, il est plutôt charnu et peu épais. L'embryon est souvent coloré en vert pâle.

10. BENTH., *Fl. austral.*, V, 146, n. 2. — *G. ramulosus* SCHLTL, in *Linnæa*, XX, 632 (nec

l'organisation générale est la même ; mais les étamines, au nombre de six à douze, ne forment qu'un seul verticille, et laissent libre, au centre de la fleur, un prolongement, en forme de colonne, du sommet du réceptacle. Quant aux carpelles, moins nombreux [1] que dans le *G. ramulosus*, ils s'ouvrent de bonne heure par leurs bords dorsal et ventral, et laissent à nu une longue columelle centrale au sommet de laquelle persistent les styles rayonnant en étoile [2]. Les organes de la végétation sont les mêmes.

Gyrostemon (Codonocarpus) pyramidalis.

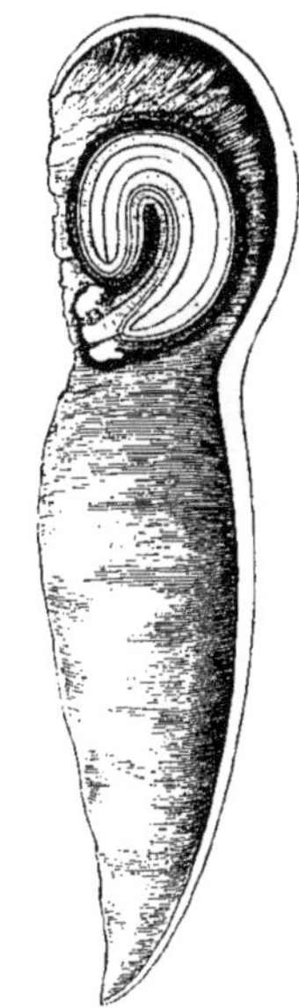

Fig. 72. Carpelle mûr, coupe longitudinale ($\frac{10}{1}$).

Dans le *G. pyramidalis* [3] (fig. 72), rapporté à un genre particulier, sous le nom de *Codonocarpus* [4], les organes de la végétation sont toujours les mêmes; mais le fruit change un peu de forme. Sa base s'atténue plus longuement en une sorte de cône renversé, et les nombreux carpelles qui le constituent, après s'être détachés de la columelle centrale, ne s'ouvrent que suivant la longueur de leur bord interne, fort aminci et membraneux. L'organisation du fruit est la même dans les *G. attenuatus* [5] et *cotinifolius* [6]; mais leurs feuilles, au lieu d'être linéaires, sont aplaties, membraneuses, lancéolées ou obovales. De plus, les fleurs sont axillaires, comme dans le *G. ramulosus;* mais les feuilles dont elles occupent l'aisselle sont souvent remplacées par des bractées ; de façon que l'inflorescence peut devenir une grappe ou un épi. Les six espèces connues du genre *Gyrostemon* sont australiennes et frutescentes [7].

A côté des *Gyrostemon* se placent les *Tersonia* et les *Didymotheca*, qui

DESF.). — *Cyclotheca australasica* MOQ., *Prodr.*, 38. — *Didymotheca pleiococca* F. MUELL., *Pl. Vict.*, I, 198, t. suppl. 9.

1. Il n'y en a parfois que de quatre à six.

2. Au centre desquels proémine un petit cône, sommet de la columelle.

3. F. MUELL., in *Linnæa*, XXV, 438. — *Hymenotheca pyramidalis* F. MUELL., *Fragm.*, I, 202.

4. A. CUNN., ex HOOK., *Bot. Misc.*, I, 244. — ENDL., *Gen.*, n. 5265. — MOQ., *Prodr.*, 39. — BENTH., *Fl. austral.*, V, 147. — *Hymenotheca* F. MUELL., *Fragm.*, *loc. cit.*

5. HOOK., *Bot. Misc.*, I, 244, t. 53. — *Codonocarpus australis* BENTH., *Fl. austral.*, V, 148, n. 2.

6. DESF., in *Mém. Mus.*, VIII, 116, t. 10. — MOQ., *Prodr.*, 39, n. 2. — *G. pungens* LINDL., in *Mitch. trop. Exped.*, II, 121. — *G. acaciæformis* F. MUELL., in *Linnæa*, XXV, 439. — *Codonocarpus cotinifolius* F. MUELL., *Pl. Vict.*, I, 200. — BENTH., *Fl. austral.*, V, 148, n. 3.

7. Sauf peut-être le *G. subnudum* (*G. brachystigma* F. MUELL., ex BENTH., *Fl. austral.*, V, 146, n. 1 ; — *Amperea ? subnuda* NEES, in *Pl. Preiss.*, II, 229), dont les sommités seules sont connues.

ne devraient peut-être en être distingués qu'à titre de sections. Les *Tersonia*[1] ont des fleurs dioïques de *Gyrostemon*, avec des étamines peu nombreuses, disposées sur un seul verticille. Mais leur fruit, au lieu

Didymotheca thesioides.

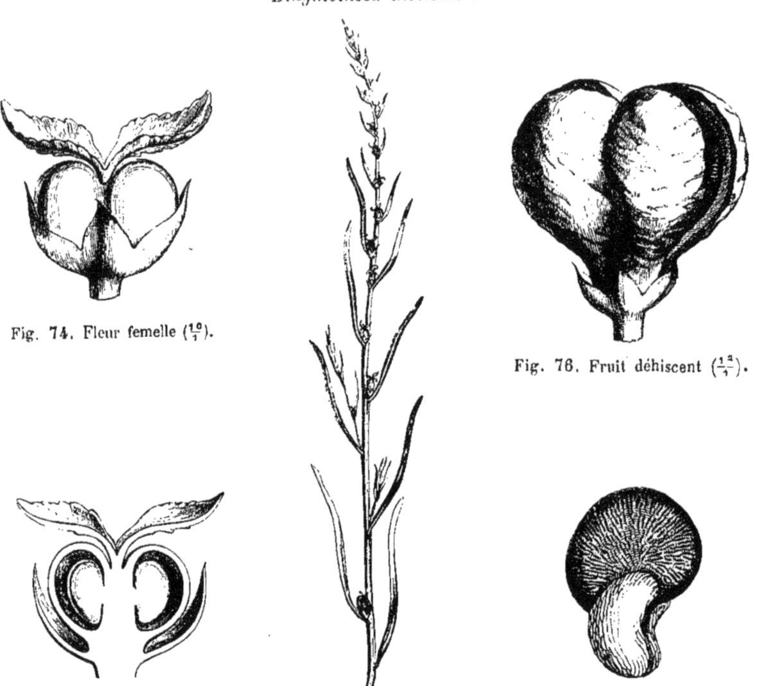

Fig. 74. Fleur femelle ($\frac{10}{1}$).

Fig. 76. Fruit déhiscent ($\frac{12}{1}$).

Fig. 75. Fleur femelle, coupe longitudinale.

Fig. 73. Rameau florifère femelle.

Fig. 77. Graine ($\frac{12}{1}$).

d'être formé de carpelles libres, est constitué par une vingtaine de loges à paroi épaisse[2], unies en une masse ligneuse et tout à fait indéhiscente. On connaît un ou deux[3] *Tersonia* australiens, dont les organes de végétation sont les mêmes que ceux du *Cyclostemon ramulosus*.

Quant aux *Didymotheca*[4] (fig. 73-77), ils représentent un type amoindri des *Gyrostemon*, dans lequel les fleurs sont dioïques et tétramères. Le périanthe y est représenté par un petit calice à quatre divisions profondes, dont deux latérales, plus étroites et plus longues que les deux autres[5]. Plus intérieurement se trouvent, dans les fleurs mâles, huit

1. MOQ., *Prodr.*, 40. — *Gyrandra* MOQ. (ol., nec WALL.), *loc. cit.*

2. Parcouru à sa surface extérieure de rides saillantes circulaires et horizontales.

3. BENTH., *Fl. austral.*, V, 149.

4. HOOK. F., in *Hook. Journ.*, VI (1847), 278. — MOQ., *Prodr.*, 36.

5. Ces derniers sont entiers ou plus ou moins inégalement partagés en deux dents ou lobes secondaires.

ou neuf étamines, réduites à des anthères presque sessiles, dressées, à deux loges latérales, déhiscentes par une fente longitudinale et marginales. Dans les fleurs femelles, il n'y a qu'un gynécée libre; son ovaire est à deux loges latérales, uniovulées, et il est surmonté d'un style à deux branches épaisses, charnues, stigmatifères en dedans. L'ovule est ascendant, avec le micropyle inférieur et extérieur. Le fruit est sec, à deux loges comprimées, se séparant de la columelle centrale et s'ouvrant suivant la longueur de leur bord extérieur, pour laisser échapper chacune une graine, ascendante, réniforme, arillée [1], dont les téguments recouvrent un albumen charnu, entouré en partie par un embryon arqué à radicule infère. Les *Didymotheca*, dont on ne connaît qu'une espèce [2], sont de petites plantes suffrutescentes, australiennes et tasmaniennes, à rameaux grêles, dressés, chargés de feuilles alternes, simples, étroites, entières [3], accompagnées de deux petites stipules glanduleuses. Des bractées leur succèdent vers le sommet des rameaux, présentant chacune, dans son aisselle, une petite fleur à pédicelle court. Les bractées ont aussi deux petites stipules [4], glanduleuses à leur base.

C'est R. Brown [5] qui, en 1818, établit, pour les *Phytolacca* et les genres voisins, une famille spéciale. Avant lui, la plupart des genres connus étaient rapportés aux Chénopodées. A.-L. de Jussieu [6], par exemple, rangeait dans son ordre des Arroches les *Phytolacca*, *Rivinia*, *Petiveria*. Il plaçait, d'autre part, les *Giseckia* et les *Limeum* parmi les Portulacées [7], et laissait les *Seguieria* dans les *Genera incertæ sedis* [8]. Endlicher [9] rangeait dans son ordre des Phytolaccacées les *Seguieria*, *Petiveria*, *Mohlana*, *Rivina*, *Limeum*, *Giesekia*, *Phytolacca*, *Ercilla*, plus les *Semonvillea*, section des *Limeum*, et les *Microtea*, qui doivent de préférence être rapportés aux Salsolacées. Il énumérait d'ailleurs, à la suite des Phytolaccacées, les Gyrostémonées, rangées après les Euphorbiacées, par Lindley [10]. Ce dernier distinguait en deux ordres, fort éloignés l'un

1. L'arille a pour point de départ un épaississement de l'exostome qui se produit même avant l'anthèse (voy. *Adansonia*, X, 161).

2. *D. thesioides* Hook. f., *loc. cit.*, 279; *Fl. tasm.*, I, 309, t. 93.—Moq., *loc. cit.*, 37. — Benth., *Fl. austral.*, V, 145. — *D. Drummondii* Moq., *loc. cit.*, n. 2. — *D. veroniciformis* F. Muell., in *Linnæa*, XXV, 438.

3. Tachetées de petits points blancs qui paraissent être des cystolithes.

4. Décrites comme des bractéoles latérales par un grand nombre d'auteurs, mais identiques aux bractées des feuilles.

5. *Obs. herb. Congo*, 35; *Misc. Works* (ed. Benn.), I, 138 (*Phytolaceæ*).

6. *Gen.* (1789), 83, ord. 6.

7. *Op. cit.*, 314, ord. 4.

8. *Op. cit.*, 440.

9. *Gen.*, 975, ord. 208 (1840).

10. *Veg. Kingd.* (1846), 282.

de l'autre, les Pétivériacées [1] (*Petiveria*, *Seguieria*, *Gallesia*) et les Phytolaccacées [2], auxquelles il adjoignait le genre *Stegnosperma*, récemment établi par M. BENTHAM [3]. MOQUIN-TANDON, qui, en 1849, donna la première monographie complète du groupe des Phytolaccacées [4], le partagea en huit tribus : les Séguiériées, qui sont les Pétivériacées de LINDLEY; les Rivinées, comprenant, outre les *Rivina* et *Mohlana*, le genre *Ledenbergia* de KLOTSZCH [5]; les Microtéées (avec le seul genre *Microtea*); les Limééees, qui comprenaient, outre les *Limeum* (et *Semonvillea*), l'*Anisomeria* de DON [6]; les Giesekiées, dont le *Giesekia* est le type et dont il rapproche les *Phytolacca*, *Pircunia* et *Ercilla;* les Stégnospermées (*Stegnosperma*); les Gyrostémonées, formées des différents genres réunis par nous aux *Gyrostemon* (*Codonocarpus* [7], *Cyclotheca*) et du *Didymotheca* [8]; et les Tersoniées, représentées par le seul genre *Tersonia*. Depuis lors, nous avons rapporté [9] aux Phytolaccacées, comme type d'une série spéciale, le *Barbeuia* de DUPETIT-THOUARS [10], attribué avec doute aux Rosacées [11]. L'*Agdestis* de SESSE et MOÇINNO a été indiqué [12] comme appartenant aux Phytolaccacées, où il forme une série spéciale à cause de la conformation de son réceptacle et de son ovaire infère ; et l'ancien genre *Thelygonum* nous a paru, non sans quelque doute, pouvoir être rapproché, à titre de série distincte, des Phytolaccacées à gynécée unicarpellé, telles que les Rivinées. Ainsi se trouvent rassemblés, dans cette petite famille, dix-huit genres groupés en six séries et comprenant environ soixante-quinze espèces. Toutes celles, au nombre de huit ou neuf, qui constituent la série des Gyrostémonées, sont australiennes. Il en est de même de la seule espèce connue du genre *Monococcus*. A l'Amérique appartiennent exclusivement tous les *Ercilla*, *Anisomeria*, *Agdestis*, *Ledenbergia*, *Petiveria* et *Seguieria* [13], représentant un total de vingt espèces au plus [14]. Le *Thelygonum* est limité à la région méditerranéenne; le *Barbeuia*, à Madagascar ; les *Adenogramma*, à l'Afrique australe ; les *Giseckia* et *Limeum*, à l'Asie et à l'Afrique tropicales. Les *Mohlana*, et

1. *Nat. Syst.*, ed. 2, 212. — *Veg. Kingd.*, 386, ord. 137. — LINK, *Handb.*, I (1829), 312. — *Petivereæ* AG., *Class.* (1835), 221.

2. *Nat. syst.*, ed. 2, 210. — *Veg. Kingd.*, 508, ord. 193. — *Rivineæ* AG., *op. cit.*, 218.

3. *Voy. Sulph.*, *Bot.*, 17 (1844).

4. In *DC. Prodr.*, XIII, p. II, 2, ord. 156.

5. In *Pl. Karst. exs.* (1846), ex MOQ., *Prodr.*, 14.

6. In *Edinb. new phil. Journ.*, XIII (1832).

7. A. CUNN., ex HOOK., *Bot. Misc.*, I (1830).

8. HOOK. F., in *Hook. Journ.*, VI (1847).

9. In *Adansonia*, III, 312 (1863).

10. *Gen. madag.* (1863).

11. Par SPRENGEL. On l'a encore rapporté aux Bixacées et aux Tiliacées (DUP.-TH.), aux Euphorbiacées (MEISSN.)

12. B. H., *Gen.*, 33 (1862).

13. LOUREIRO (*Fl. cochinch.*, 341) a décrit, il est vrai, un *S. asiatica* (MOQ., *Prodr.*, 7, n. 10); mais rien n'est moins certain que le genre de cette plante (voy. p. 37, note 2).

14. Celles des genres *Anisomeria* et *Petiveria* semblent avoir été multipliées outre mesure.

peut-être les *Rivina*, sont communs aux deux mondes, mais abondent surtout dans le nouveau. Quant aux *Phytolacca*, il n'y a pas un pays chaud du monde où ils ne soient représentés, du Mexique au Chili et de Chine en Australie. Mais le *P. octandra* semble avoir seulement été introduit dans ce dernier pays, de même que dans la région méditerranéenne le *P. decandra*, qui passe pour être d'origine américaine.

Toutes les Phytolaccacées ont quelques caractères communs : des feuilles [1] alternes, simples; des carpelles uniovulés; des ovules ascendants, à micropyle inférieur et extérieur; un embryon non rectiligne, arqué, unciné, circiné, involuté ou replié un nombre variable de fois sur lui-même. D'autres caractères se rencontrent chez elles d'une façon presque générale, avec un très-petit nombre d'exceptions. Ce sont : l'inflorescence indéfinie [2], l'indépendance des carpelles [3], l'apétalie des fleurs [4], la présence d'un albumen [5] en dedans de l'embryon. Les autres caractères, plus variables, sont la forme du réceptacle [6] (et, comme conséquence, le mode d'insertion), le nombre des carpelles, la réunion ou la séparation des sexes dans les mêmes fleurs. Sur eux sont fondées les séries suivantes, par nous admises et faciles à distinguer les unes des autres :

I. PHYTOLACCÉES. — Deux ou plusieurs carpelles, libres en totalité ou en grande partie (au moins à un certain âge), insérés sur un réceptacle convexe. Étamines hypogynes. (5 genres.)

II. BARBEUIÉES. — Deux carpelles supères, unis en un ovaire à deux loges. Étamines hypogynes. (1 genre.)

III. AGDESTIDÉES. — Quatre carpelles infères, logés dans un réceptacle concave et unis entre eux. Étamines épigynes. (1 genre.)

IV. RIVINÉES. — Un seul carpelle libre. Étamines hypogynes ou périgynes. (7 genres.)

V. THÉLYGONÉES. — Un seul carpelle libre, entouré d'un calice gamophylle. Fleurs unisexuées, monoïques. (1 genre.)

1. En général, elles sont fétides et noircissent par la dessiccation.

2. Il n'y a de cymes que dans les *Gisechia Limeum*, *Agdestis* et *Adenogramma*.

3. Qui ne fait défaut que dans les *Agdestis* et les *Barbeuia*.

4. Les organes décrits comme pétales, dans certains *Limeum*, ont peut-être une tout autre signification.

5. Même dans les *Seguieria*, dont l'embryon occupe, par ses nombreux replis, presque tout l'intérieur de la graine, il y a souvent des traces d'albumen muqueux entre ces replis.

6. Convexe dans la plupart des genres, tout à fait concave dans l'*Agdestis*, légèrement creusé dans la plupart des espèces des genres *Seguieria* et *Petiveria*, qui montrent, par suite, un commencement de périgynie.

VI. Gyrostémonées. — Deux ou plusieurs carpelles, supères, insérés en dedans sur une columelle centrale, libres sur les côtés, ou rarement unis. Fleurs unisexuées-dioïques. (3 genres.)

Par les types unicarpellés, comme les Rivinées, les Phytolaccacées se rapprochent beaucoup des Nyctaginacées. Elles en ont l'apétalie, la feuille carpellaire unique, la placentation presque basilaire, mais postérieure, et la graine à albumen farineux et à embryon périphérique. Mais elles s'en distinguent par l'absence de ce périanthe particulier aux Nyctaginacées, dont le limbe pétaloïde ressemble à une corolle et dont la base indurée joue, autour du fruit, le rôle d'un péricarpe accessoire, presque clos. On a comparé les Phytolaccacées unicarpellées aux Salsolacées, Polygonacées, etc. ; mais, dans celles-ci, la placentation est basilaire et le nombre des feuilles carpellaires est supérieur à un [1]. On les a comparées encore, par l'intermédiaire des *Limeum* et *Giseckia*, aux Portulacées, Molluginées et Mésembrianthémées, qui s'en distinguent aussi par leur gynécée pluricarpellé et leur mode de placentation [2]. A l'autre extrémité de la famille, les *Phytolacca* et les *Gyrostemon*, avec leur gynécée qui représente un verticille de nombreux carpelles, relient intimement, comme l'ont établi plusieurs auteurs modernes [3], les Phytolaccacées aux Malvacées, qui se distinguent d'ailleurs par l'organisation de leur périanthe souvent double, de leur androcée, de leur fruit, de leur graine et de leur embryon.

Par leur organisation histologique, les Phytolaccacées tiennent également de plusieurs des familles auxquelles les rattachent leurs fleurs et leurs fruits. Comme les Belles-de-nuit, les *Phytolacca* herbacés ont souvent des racines pivotantes, gorgées de fécule et de substance résineuse. Quant aux tiges, elles présentent aussi dans leur épaisseur de nombreux cercles concentriques de faisceaux fibro-vasculaires, dont la présence a porté plusieurs auteurs [4] à citer ces tiges comme exemple de la formation de plusieurs couches de bois dans une seule et même période de végétation. Les couches concentriques, plus ou moins régulières, sont séparées par des zones circulaires de tissu parenchymateux [5]. Ici aussi les faisceaux se distribuent plus intérieurement que le bois proprement dit ; et, par

1. Les Salsolacées ne peuvent être distinguées absolument par le nombre défini des étamines.

2. Par son ovaire infère, l'*Agdestis* se rapproche des *Tetragonia* et de certains *Portulaca* et *Mesembrianthemum*. Lindley rapproche les Pétivériées des Sapindacées.

3. Voy. Endl., *Gen.*, 978.— Moq., *Prodr.*, 3. M. J. G. Agardh (*Theor. Syst.*, 367) trouve l'analogie plus éloignée.

4. Ch. Mart., in *Rev. hort.* (1855), 122. — Oliv., *Stem in Dicot.*, 28.

5. Aussi M. Nægeli (*Beitr. z. Wiss. Bot.*, I, 14) les cite comme exemples de Dicotylédones qui ont des anneaux limités de cambium dans l'*épenchyme*.

conséquent, la moelle en est parsemée [1]. Quand les faisceaux qui alternent avec les rayons médullaires dans une couche donnée, alternent en même temps avec ceux de la zone voisine, comme il arrive dans les *P. esculenta*, *icosandra*, etc. [2], les faisceaux fibro-vasculaires d'une zone semblent continuer les rayons médullaires de la zone plus intérieure et plus extérieure ; cette disposition s'observe aussi dans quelques autres genres de Phytolaccacées.

Les usages [3] de ces plantes sont peu nombreux. Les plus employées sont, sans contredit, les *Phytolacca*, notamment le *P. decandra* [4] (fig. 21-28), qui est un médicament évacuant. Sa racine (fig. 28) a été employée comme succédané des Convolvulacées purgatives, sous le nom de *Méchoacan du Canada* [5]. Ses feuilles sont âcres, et ses fruits purgent énergiquement avant leur maturité. On assure que la chair des pigeons qui s'en nourrissent, devient elle-même laxative ; et c'est sans doute avec raison qu'on a proscrit l'usage de ces fruits pour colorer les aliments et les boissons. Les mêmes propriétés se retrouvent dans l'*Anisomeria drastica* [6], du Chili, dont la racine est légèrement amère quand on la mâche, mais riche en substance résineuse qui produit des effets évacuants énergiques. Ces plantes ont aussi une action irritante quand on les emploie topiquement ; de là peut-être les effets obtenus dans le traitement de la gale et des helminthes intestinaux avec le *P. decandra*. La racine et les fruits du *P. abyssinica* [7] passent, dans le pays natal de cette espèce, pour des ténifuges énergiques. Les *Petiveria* sont également âcres et irritants. Les feuilles du *P. alliacea* [8] (fig. 51, 52) sont employées, dans l'Amérique tropicale, comme sudorifiques, dépuratives ; on en fait des fumigations dans le traitement des paralysies. Aux Antilles, la racine

1. TREVIR., in *Bot. Zeit.* (1856), 833.

2. REGN., in *Ann. sc. nat.*, sér. 4, XIV, 139.

3. ENDL., *Enchirid.*, 509. — LINDL., *Veg. Kingd.*, 508 ; *Fl. med.*, 351. — ROSENTH., *Syn. pl. diaphor.*, 702.

4. Voyez p. 24, note 1 (*Pocan*, *Garget*, *Cocum* aux Etats-Unis).

5. « *Mechoacanna spuria s. canadensis.* » BIGELOW (*Med. Bot.*, I, t. 3) cite la plante comme agissant à la façon de l'Ipécacuanha, comme antirhumatismale, mais en même temps comme âcre, narcotique, etc.

6. MOQ., *Prodr.*, 25, n. 2. — *Phytolacca drastica* POEPP. et ENDL., *Nov. gen. et spec.*, 26, t. 43, 44. — *Pircunia suffruticosa* BERT. Les mêmes propriétés existent dans l'*A. littoralis*, qui n'en est peut-être qu'une variété.

7. HOFFM., in *Comm. gœtt.*, XII, 28, t. 2. — *P. dodecandra* LHÉR., *Stirp.*, I, 143, t. 69. — *Pircunia abyssinica* MOQ., *Prodr.*, 30, n. 4. — FOURN., *Des ténifuges employés en Abyss.* (1861), 60 (vulg. *Scheblé*). On a pensé que cette plante pourrait bien être le *Sénevé* arborescent dont il est question dans l'Ecriture [voy. FROST, in *Journ. sc. Inst. roy.* (1825), 69], et qui, pour d'autres, est un *Salvadora*.

8. L., *Spec.*, 486, n. 1. — MOQ., *Prodr.*, 9, n. 1. — GUIB., *Drog. simpl.*, éd. 6, II, 445. — *P. octandra* L., *Spec.*, n. 2 (vulg. *Guiné*, *Raiz de Guiné*, *Herbe aux poules de Guinée*, *Pipi*).

s'applique sur les dents cariées ; elle a la réputation d'un abortif puissant. La racine de *Pipi*, attribuée surtout au *P. tetrandra* [1] du Brésil, sert à préparer des bains, des lotions, pour le traitement des paralysies attribuées au froid, des affaiblissements de la contractilité musculaire. L'odeur fortement alliacée de ces plantes se retrouve dans les *Seguieria*, qui entrent aussi, au Brésil, dans la composition de bains qui s'administrent dans les cas d'hydropisies, d'affections rhumatismales, hémorrhoïdaires. La décoction des feuilles et des jeunes branches sert topiquement au traitement des affections des voies urinaires [2].

Les Phytolaccacées ont quelques usages industriels. Les baies des *Rivina* fournissent une riche teinture rouge. La matière colorante des fruits du *Phytolacca dioica* peut servir aux mêmes usages. On dit que ces baies sont employées, dans le midi de l'Europe, à teinter les vins, notamment ceux de Porto, et quelques autres boissons. Leur suc sert à colorer les sucreries, les papiers, plusieurs étoffes de soie, de laine, de coton. Les femmes indiennes s'en fardent, sans danger, le visage. Les feuilles entrent dans la composition d'une laque rose et d'une encre rouge. Le *Thelygonum Cynocrambe* (fig. 63-65) est riche en sels alcalins, comme les Soudes et les Chénopodes. Le bois des *Seguieria* renferme beaucoup de potasse, et leurs cendres servent, pour cette raison, en Amérique, à la clarification du sucre et à la fabrication du savon. Les rameaux flexibles du *Rivina octandra* [3] servent, à Saint-Domingue, à cercler les barriques. Ceux du *Seguieria* (?) *asiatica* [4] servent également de liens en Cochinchine. Plusieurs espèces du groupe sont oléracées, alimentaires : on mange comme épinards les feuilles du *Thelygonum*, celles du *Phytolacca octandra* au Mexique ; celles du *P. esculenta* [5], comme asperges, aux États-Unis ; et dans l'Himalaya, les pousses des *P. decandra* et *acinosa*. Le *P. decandra* et plusieurs belles espèces de la section *Pircunia* [6], telles que les *P. dioica*, *stricta*, sont cultivées comme plantes d'agrément. L'*Ercilla volubilis* sert à garnir les murs de nos serres, que plusieurs *Rivina* ornent de leurs feuilles colorées et de leurs baies écarlates.

1. Gom., *Obs. med. bot. pl. bras.* (1803), 13. — Moq., *Prodr.*, 10, n. 4. — ? *P. hexaglochin* Fisch. et Mey., *Ind. sem. Hort. petrop.* (1835), 35.

2. On emploie principalement le *S. floribunda* (Benth., in *Trans. Linn. Soc.*, XVIII, 235, n. 4, t. 19 ; — Moq., *Prodr.*, 7, n. 6 ; — Rosenth., *op. cit.*, 702), vulgairement nommé *Cipo d'Alho*.

3. L., *Spec.*, 177, n. 1. — Moq., *Prodr.*, 11, n. 2. — *R. dodecandra* Jacq. — *R. scandens* Mill. — *R. Mutisii* W. — *R. Ehrenbergiana* Kl. — *R. Moritziana* Kl. (vulg. *Liane à barils*, aux Antilles ; *Guacomaya*, en Colombie).

4. Voy. p. 37, note 2; 45, note 13.

5. V. Houtte, *Fl. des serr.*, IV (1848), 3986. — Moq., *Prodr.*, 460.

6. Vulg. *Bel ombra*, *Bel sombra*.

GENERA

I. PHYTOLACCEÆ.

1. **Phytolacca** T. — Flores hermaphroditi v. rarius diœci (*Pseudolacca*); calyce 5-partito; laciniis herbaceis v. petaloideis; fructiferis subaccretis persistentibus, erectis v. reflexis. Stamina raro 5, alternisepala, sæpius 10, per paria cum sepalis alternantia, v. 15-30; interioribus 5-20, sepalis oppositis; filamentis subulatis; antheris introrsis, 2-locularibus, longitudinaliter rimosis. Carpella 4, 5, verticillata, v. 10, quorum alternisepala 5, rarius 8-15, libera (*Pircunia*) v. basi plus minus alte connata; stylis totidem, apice recurvis, intus stigmatosis; ovulo in ovariis singulis 1, subbasilari, adscendente, campylotropo; micropyle extrorsum infera. Fructus e carpellis 4-10 (v. rarius ultra), carnosulis v. baccatis, constans, aut omnino liberis (*Pircuniastrum*), aut basi (*Pseudolacca*) v. demum fere usque ad apicem connatis in baccam depressoglobosam costatam (*Euphytolacca*) v. ecostatam (*Omalopsis*). Semina in loculis solitaria, suberecta campylotropa, sublenticularia glabra; testa crustacea; embryonis peripherici annularis radicula descendente; cotyledonibus angustis incumbentibus; albumine centrali copioso farinaceo. — Herbæ, suffrutices v. raro frutices, nunc scandentes; radice nunc napiformi v. fusiformi; foliis alternis integris petiolatis; floribus in racemos terminales, oppositifolios v. laterales, dispositis; nunc erectis (*Euphytolacca*, *Pircuniastrum*), nunc pendulis (*Pseudolacca*) v. apice nutantibus; bracteis 1-floris; bracteolis 2, pedicello plus minus alte insertis. (*Orbis tot. reg. trop. et subtrop.*) — *Vid. p.* 23.

2 ? **Ercilla** A. Juss. — Flores fere *Phytolaccæ*; calyce membranaceo, demum patente. Stamina 5-10. Carpella 4-6, libera, toro stipitiformi insidentia, demum subbaccata. Cætera *Phytolaccæ*. — Frutices glabri; caule volubili; foliis alternis integris; floribus in racemos dispositis; bracteolis 2, summo pedicello insertis. (*Peruvia*, *Chili*.) — *Vid. p.* 26.

3 ? **Anisomera** Don. — Flores fere *Phytolaccæ* (v. *Ercillæ*) irregulares; calycis subcoriaceo-herbacei laciniis 5, inæqualibus (3 superio-

ribus majoribus). Stamina 10-30, subsecunda, ad latus floris posterius assurgentia, disco carnuloso inserta. Carpella 2-6, libera (v. rarius 1), inflato-reniformia, indehiscentia. Semen suberectum; testa membranacea; embryone peripherico uncinato hippocrepico. — Frutices v. herbæ; radice sæpius napiformi; caulibus erectis; foliis alternis simplicibus; floribus in racemos terminales dispositis. (*Chili.*) — *Vid. p.* 27.

4. **Giseckia** L. — Flores hermaphroditi v. polygami apetali; sepalis 5, margine membranaceis, imbricatis. Stamina 5, alterna, v. 10-15; filamentis liberis, nunc ima basi connatis; antheris oblongis, 2-locularibus, introrsis, rimis sublateralibus dehiscentibus. Carpella 5 (v. rarius 3), sepalis opposita, libera; ovario 1-loculari; stylo brevi angulo ventrali carpelli decurrente, apice et intus sulcato stigmatoso; ovulo 1, subbasilari, adscendente; micropyle extrorsum infera. Fructus carpella sæpius 5, libera membranacea venosa papillosa indehiscentia. Semen adscendens subreniforme; testa crustacea granulata; arillo minimo; embryone annulari albumen farinaceum cingente. — Herbæ diffusæ, sæpius annuæ; ramis prostratis; foliis oppositis v. pseudo-verticillatis angustis, cystolithis farctis, exstipulaceis; floribus parvis axillaribus cymosis v. glomerulatis. (*Asia et Africa trop.*) — *Vid. p.* 27.

5. **Limeum** L. — Flores hermaphroditi v. rarius polygami, sæpius 5-meri; sepalis herbaceis, margine membranaceis; præfloratione imbricata. Petala (?) 5, forma varia, v. 4, 3, rarius 0. Stamina 5, sepalis opposita, v. 6-10; filamentis basi dilatatis in cupulam brevem connatis; antheris introrsis, 2-locularibus, longitudinaliter rimosis. Carpella 2; germine compresso, 1-loculari, 1-ovulato; stylis 2, apice dilatato stigmatosis; ovulis suberectis campylotropis; micropyle lateraliter infera; funiculo brevi erecto. Fructus 2-coccus, secedens in coccos orbiculares, a dorso compressos, nunc centro apiculatos, læves v. rugosos, nunc in alam reticulatam margine productos (*Semonvillea*), intus planos, sæpius membranaceo-fenestratos. Semen suberectum verticale; testa membranacea; embryone annulari albumen farinaceum cingente; radicula infera. — Herbæ annuæ v. perennes; ramis gracilibus; foliis alternis carnosulis angustis, integris v. ciliolatis, exstipulaceis; floribus axillaribus cymosis, 3-bracteatis; cymis nunc in racemos terminales dispositis. (*Asia trop. et occ., Africa trop. et austr.*) — *Vid. p.* 28.

II. BARBEUIEÆ.

6. **Barbeuia** Dup.-Th. — Flores hermaphroditi regulares; receptaculo convexiusculo. Sepala 5, imbricata. Stamina ∞, hypogyna; filamentis annulo receptaculari insertis liberis; antheris 2-locularibus introrsis, longitudinaliter 2-rimosis. Germen superum, 2-loculare; styli 2-partiti laciniis erectis crassis, intus stigmatosis; ovulo in loculis singulis subbasilari amphitropo; micropyle infera laterali. Fructus « capsularis, 2-lobus, 2-locularis; loculis 1-spermis; seminibus semiarillatis ». — Frutex sarmentosus glaber; foliis alternis integris petiolatis, basi articulatis; floribus in racemos axillares breves rigidos compressos dispositis; pedicellis alternis, apice incrassatis. (*Madagascaria.*) — *Vid. p.* 30.

III. AGDESTIDEÆ.

7. **Agdestis** Moç. et Sess. — Flores hermaphroditi, 4-meri; receptaculo concavo obconico. Sepala 4, margini receptaculi inserta; præfloratione alternatim imbricata. Stamina ∞ (*Barbeuiæ*), epigyna. Germen intus receptaculo adnatum, 4-loculare; loculis sepalis antepositis; ovulo in loculis singulis 1, subbasilari, adscendente; micropyle extrorsum infera; stylo erecto columnari, ad apicem 4-fido; laciniis reflexis, intus stigmatosis. Fructus...?—Frutex scandens; foliis alternis petiolatis cordatis; floribus axillaribus v. terminalibus in racemos ramosos cymiferos dispositis; pedicellis 2-bracteolatis. (*Mexico.*) — *Vid. p.* 31.

IV. RIVINEÆ.

8. **Rivina** Plum. — Flores hermaphroditi regulares; receptaculo depresse conico. Sepala 4, imbricata, subpetaloidea, demum virescentia persistentia. Stamina, aut 4, alternisepala, aut 8-12 (4-8 interioribus); filamentis liberis v. ima basi connatis, persistentibus; antheris introrsis, 2-rimosis. Germen 1-loculare; stylo excentrico gracili v. subnullo, apice stigmatoso capitato, 1, 2-lobo; ovulo 1, subbasilari adscendente campylotropo; micropyle antica et infera. Fructus baccatus, nunc demum exsuccus. Semen suberectum; testa glabra v. scabra; embryonis annularis peripherici, albumen centrale farinaceum cingentis, cotyledonibus

inæqualibus; exteriore majore minorem involutam amplectente. — Suffrutices; caule erecto, nunc scandente; foliis alternis petiolatis simplicibus, integris v. crenulatis; stipulis 0, v. minutissimis; floribus in racemos terminales, demum laterales v. suboppositifolios, dispositis; bracteis alternis, 1-floris; bracteolis 2, lateralibus versus apicem pedicelli insertis. (*America calid. et temp.*, *India?*) — *Vid. p.* 32.

9. **Mohlana** Mart. — Flores hermaphroditi; calyce irregulari, 4-fido; lacinia antica fere ad basin distincta; aliis autem quasi in 1, inæquali-3-lobam (lobo medio majore), connatis, imbricatis. Stamina 5 (*Rivinæ*), cum calycis laciniis alternantia. Germen ovulumque *Rivinæ;* stylo sublaterali brevi, apice truncato subcapitato stigmatoso. Fructus calyce erecto cinctus, aut subcarnosus immarginatus (*Mohlanella*), aut subcoriaceus exsuccus longitudinaliter marginulatus reticulato-nervosus (*Hilleria*). Semen *Rivinæ.* — Suffrutices v. herbæ; foliis alternis petiolatis; stipulis minutis; floribus in racemos simplices, terminales v. oppositifolios, dispositis; pedicellis 1-bracteatis, ad apicem 2-bracteolatis. (*America calid.*, *Africa trop. occ.*, *Madagascaria.*) — *Vid. p.* 34.

10. **Ledenbergia** Kl. — Flores hermaphroditi regulares; sepalis 4, imbricatis. Stamina 10–12, quorum exteriora 4, cum sepalis alternantia; filamentis filiformibus; antheris oblongis. Germen ovulumque *Rivinæ;* stylo crasso curvo, apice capitellato papilloso-penicillato. Fructus sepalis valde accretis rotato-explanatis membranaceo-nervosis cinctus, subcoriaceus nervosus, indehiscens. Semen fere *Rivinæ.* — Suffrutex volubilis; foliis alternis petiolatis; stipulis minimis; floribus in racemos axillares, solitarios v. 2-natos pendulos, dispositis; pedicellis 1-bracteatis, bracteolis 2, minimis ad apicem instructis. (*America centr.*) — *Vid. p.* 34.

11. **Petiveria** Plum. — Flores hermaphroditi, 4-meri; receptaculo obconico concavo. Sepala 4, quorum anteriora 2, ori receptaculi inserta, imbricata, mox aperta, demum circa fructum erecto-adpressa. Stamina aut 4, alternisepala, aut 5-8; interioribus 1–4, oppositis; filamentis perigynis subulatis; antheris 2-locularibus; loculis linearibus lateralibus v. subextrorsis, basi et apice liberis, ad marginem rimosis. Germen fundo receptaculi insertum liberum, 1-loculare; stylo brevi laterali, basi in ovarium decurrente (subgynobasico), apice stigmatoso penicillato; ovulo subbasilari amphitropo. Achænium hinc inæquali-carinatum, inde ad apicem emarginato-sub-2-lobum styloque laterali mucronulatum; lobis in aristas, 2, 3, rigidas, demum adpresso-reflexas, productis. Semen

lineare suberectum, valde amphitropum; albumine parco ad latera interque cotyledones producto; embryonis radicula infera; cotyledonibus foliaceis dissimilibus inæqualibus replicato-convolutis. — Suffrutices; odore alliaceo; foliis alternis integris petiolatis; stipulis herbaceis parvis; floribus in racemos terminales et axillares dispositis, 1-bracteatis; pedicellis brevibus crassiusculis, bracteolas 2, laterales plus minus alte insertas, gerentibus. (*America trop.*) — *Vid. p.* 34.

12? **Monococcus** F. Muell. — Flores polygami, 4- v. rarius 5-meri (fere *Petiveriæ*). Stamina ad 10-12, libera; antheris apice acutis, summo filamento inflexis, demum erectis, extrorsis. Germen inæquali-ovatum; stylo laterali penicillato ovuloque *Petiveriæ*. Achænium insymmetricum, stylo laterali mucronatum, undique aculeato-aristatum. Semen suberectum, valde amphitropum; embryone (breviori) *Petiveriæ;* albumine farinaceo copioso. — Suffrutex; foliis, inflorescentiis bracteisque *Petiveriæ;* floribus inferioribus fœmineis; superioribus masculis; interpositis hermaphroditis paucis. (*Australia.*)— *Vid. p.* 36.

13. **Seguieria** Loefl. — Flores regulares apetali, 5- v. rarius 4-meri (*Gallesia*); sepalis plus minus petaloideis imbricatis, fructiferis reflexis. Stamina ∞, subhypogyna; antherarum loculis 2, basi et apice liberis, lateralibus v. demum leviter extrorsis introrsisve, ad marginem rimosis. Germen liberum; ovulo subbasilari, amphitropo; stylo excentrico cristato v. alato, apice recto v. incurvo; margine altero plus minus longe sulcato stigmatosoque. Fructus samaroideus, extus undulato-nervosus v. alulatus, stylo in alam magnam securiformem v. acinaciformem venosam accreto coronatus. Semen verticale; testa membranacea; embryonis peripherici radicula infera; cotyledonibus late foliaceis plus minus convoluto-corrugatis; albumine parco v. subnullo inter cotyledonum plicas centrali. — Arbores v. frutices glabri; foliis alternis petiolatis; stipulis minutis, tuberculiformibus v. glanduliformibus, nunc in aculeos recurvos induratis; floribus in racemos compositos valde ramosos, terminales v. axillares, dispositis; bracteis 1-floris; bracteolis 2, lateralibus. (*America trop.*) — *Vid. p.* 36.

14. **Adenogramma** Reichb. — Flores hermaphroditi, apetali; sepalis 5, imbricatis. Stamina 5; filamentis liberis v. ima basi in cupulam brevem connatis; antheris introrsum 2-rimosis. Germen oblique conicum, 1-loculare; stylo gracili, apice capitellato stigmatoso; ovulo 1, campy-

lotropo, summo funiculo subbasilari gracili erecto insertum. Fructus siccus, oblique conicus; pericarpio lævi v. granulato, sæpius coriaceo nigrescente, indehiscente v. longitudinaliter hinc dehiscente. Semen rectum v. curvum; testa membranacea; embryone arcuato v. uncinato albumen carnosum cingente. — Herbæ diffusæ; ramis gracilibus sub-2-chotomis; foliis spurie verticillatis simplicibus, sæpius angustis; stipulis minutis v. minimis; floribus minutis in cymas subumbellatas axillares terminalesque dispositis. (*Africa austr.*) — *Vid. p.* 38.

V? THELYGONEÆ.

15. **Thelygonum** L. — Flores monœci. Calyx masculus 2-phyllus, valvatus; foliolis demum revolutis. Stamina ∞, receptaculo brevi inserta; filamentis capillaribus, demum cernuis; antheris linearibus, 2-locularibus, introrsis, 2-rimosis, versatilibus. Calyx fœmineus ad apicem demum excentricum tubulosus; summo apice 3-dentato; basi lateraliter aucta gibbosaque. Germen excentrice subglobosum; ovulo 1, subbasilari, campylotropo; stylo laterali subbasilari (gynobasico), intra tubum perianthii erecto, ad apicem clavatum stigmatoso. Fructus drupaceus; mesocarpio tenui; seminis suberecti hippocrepici embryone uncinato, extus et intra albumine carnosulo cincto; radicula cylindro-conica infera; cotyledonibus angustis incumbentibus. — Herba annua subsucculenta; foliis alternis; inferioribus oppositis, simplicibus penninerviis; petiolo basi in vaginam stipuliformem incisam dilatato; floribus axillaribus glomerulatis; masculis ebracteatis 1-∞; fœmineis sæpe 3-natis, v. ∞, pluribracteolatis. (*Reg. mediterranea.*) — *Vid. p.* 39.

VI. GYROSTEMONEÆ.

16. **Gyrostemon** Desf. — Flores diœci. Calyx masculus parvus, inæquali-4-8-dentatus; dentibus imbricatis, demum haud contiguis. Stamina 6-∞, 1-v. ∞-verticillata; antheris subsessilibus cuneiformibus receptaculo convexo toto v. circa processum columnarem centralem insertis, 2-locularibus, lateraliter 2-rimosis; connectivo ultra loculos breviter obtuseque producto. Calyx fœmineus ut in flore masculo. Carpella 4-∞, circa receptaculum plus minus longe conicum verticillata; germinibus 1-ovulatis, in stylos plus minus incurvos v. apice reflexos, intus stigma-

tosos productis; ovulo subbasilari adscendente; micropyle extrorsum infera. Fructus subglobosus v. obconicus (*Codonocarpus*), e folliculis 4-∞, constans, demum a columella axili (forma varia et apice stylis persistentibus 4-∞, munita) et inter se solutis, aut dorso demumque intus longitudinaliter (*Gyrostemon*), v. rima tantum ventrali (*Codonocarpus*) dehiscentibus. Semen ovulo conforme, pseudo-campylotropum hippocrepicum, ex angulo interno carpellorum plus minus alte alternatim adscendens; testa transverse rugosa, ad hilum micropylemque arillata; embryonis hippocrepici cotyledonibus angustis incumbentibus; radicula infera extrorsa; albumine tenui v. plus minus copioso farinaceo. — Frutices ramosi (v. herbæ?) glabri; foliis alternis sessilibus articulatis; stipulis parvis lateralibus; limbo lineari-subulato v. membranaceo-subcarnoso; floribus ad folia, nunc (*Codonocarpus*) ad bracteas reducta, axillaribus solitariis pedunculatis. (*Australia.*) — *Vid. p.* 40.

17? **Tersonia** Moq. — Flores fere *Gyrostemonis;* masculis 8-∞-andris; staminibus circa basin processus receptaculi centralis 1-seriatis Carpella ∞ (15-30), in fructum depresso-globosum lignosum transverse rugosum indehiscentem connata; seminibus cæterisque *Gyrostemonis*. —Frutices; foliis linearibus; floribus axillaribus subsessilibus. (*Australia.*) — *Vid. p.* 42.

18. **Didymotheca** Hook. f. — Flores diœci, 4-meri. Calyx brevis; lobis 2 lateralibus longioribus angustioribusque. Stamina 8, 9; antheris subsessilibus erectis obpyramidatis; loculis 2, lateralibus, margine rimosis. Germen liberum; carpellis 2, lateralibus, 2-dymis compressis; stylis 2, elongatis crassis divergentibus, intus stigmatosis; ovulo in loculis singulis 1, adscendente, incomplete anatropo; micropyle extrorsum infera incrassata. Fructus 2-dymus, 2-capsularis, calyce sicco basi munitus; carpellis e columna centrali stylis plus minus persistentibus coronata secedentibus, dorso longitrorsum dehiscentibus. Semina conformia rugoso-striata, basi arillo crasso munita; embryone arcuato peripherico albumen subcarnosum cingente; radicula infera. — Suffrutex erectus ramosissimus; ramis strictis gracilibus; foliis alternis simplicibus angustis; stipulis minutis glanduliformibus; floribus in axillis foliorum ramuli superiorum v. bractearum 2-stipulacearum solitariis, brevissime pedicellatis. (*Australia, Tasmania.*) — *Vid. p.* 43.

www.ingramcontent.com/pod-product-compliance
Ingram Content Group UK Ltd.
Pitfield, Milton Keynes, MK11 3LW, UK
UKHW022139190726
13855UKWH00003B/1238

9 782013 248501